中國水利博物館
《水利遺産保護與傳承》項目成果

治河通考

[明]吴 山 劉 隅 著

胡正武 姜 浩 校點

ZHEJIANG UNIVERSITY PRESS

浙江大學出版社

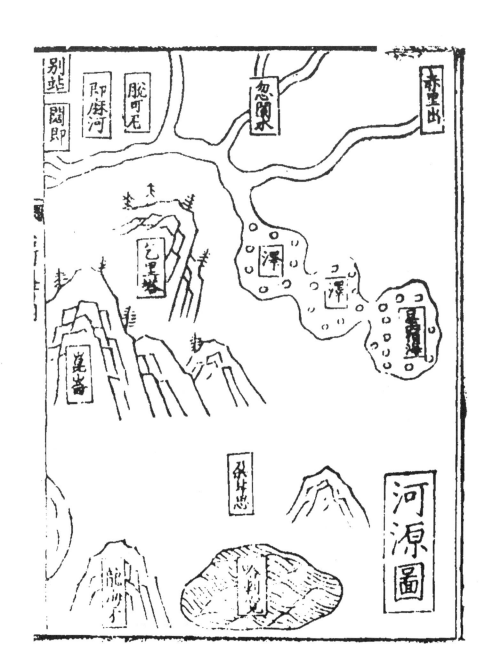

河源圖

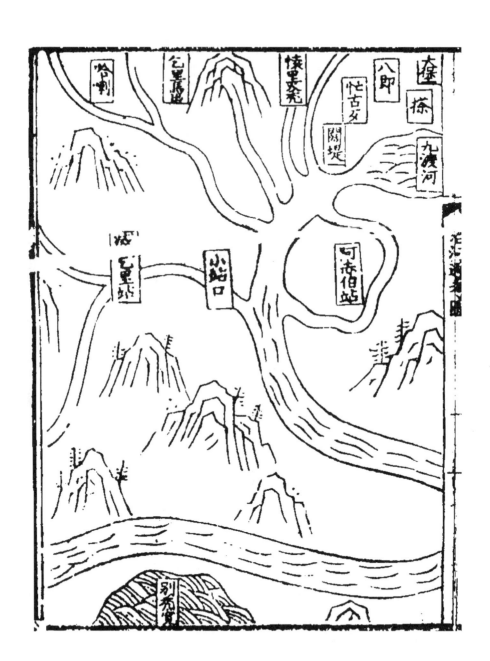

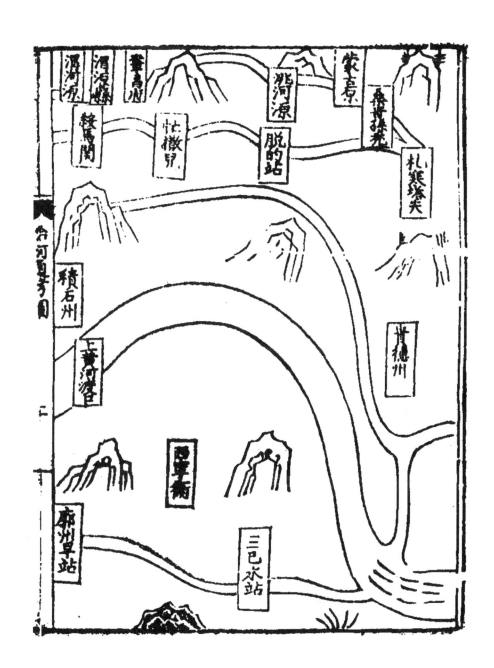

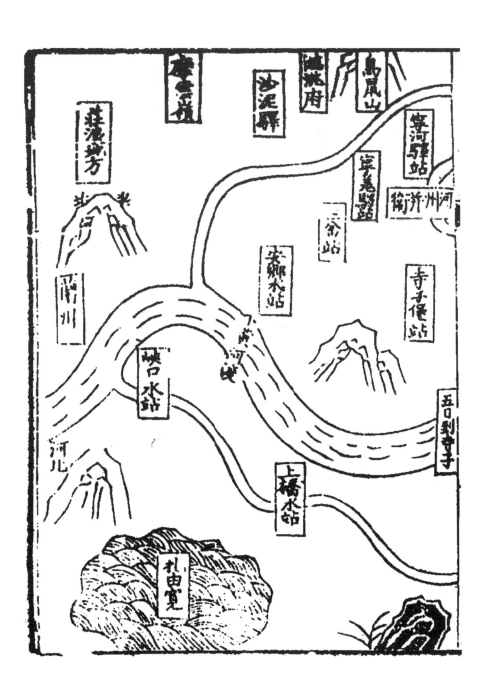

伊河
洛河
河源縣
孟津縣
河南府
新安縣
澠池縣
陝州
孟縣
濟源縣
沁水河

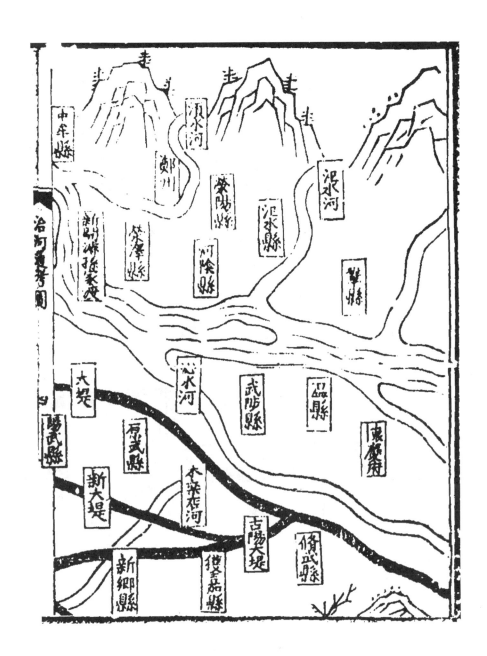

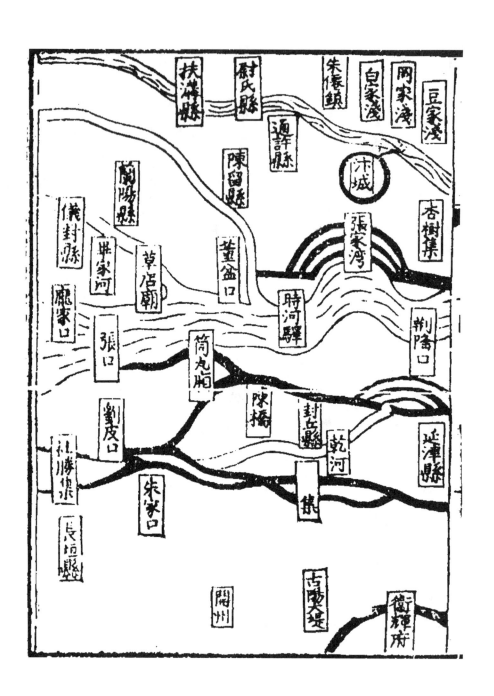

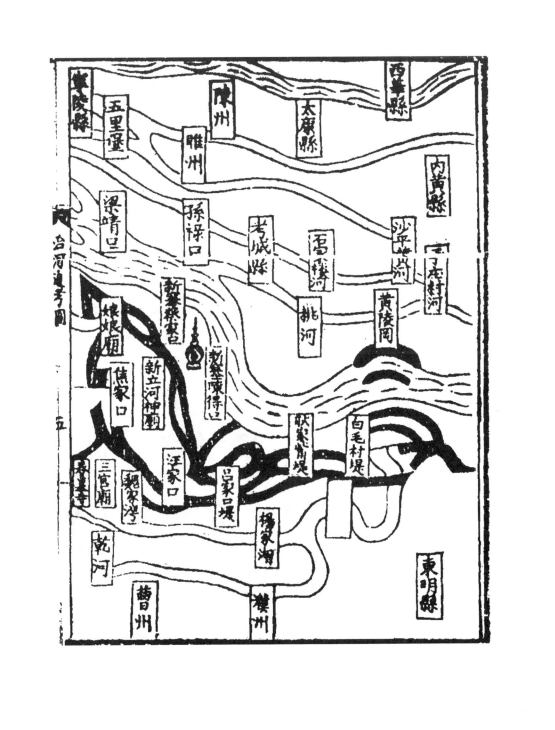

兰陵县
西华县
五里湮
陈州
太原县
睢州
内黄县
梁靖口
孙禄口
老城县
蜀楼河
沙湾岸
王座村河
黄陵冈
桃河
新集县截日
娘娘庙
新集硪得
焦家口
新立河神庙
吹张龙堤
白毛村堤
三宫庙
汪家口
吕家口堤
魏家浮
杨家洞
东明县
乾河
黄日州
濮州

治河通考序

詔奄吳公巡撫河南之踰年貢

體宏理審謂河之災隄修塞浚頻足當

一邊之擾既擇才而任脫夏邑之泇道

趙皮之豬又命前御火劉陽氏輯河書

開封嶺守鐸刻板平登良策可稽而法

馬嗟乎聖神如禹雖曰十有三載乃績

然不能鬯後害自漢以來知議之能行

之勇力之腐舌刮齒焦心銷骨多者十
數年少者一二年輒決夷屋寢臥飄資
蕩生天子親沉璧馬臨水太息
國家都燕輓江南之粟上下咸寄命焉既
賴河以利丹楫亦恐其遂齒漕渠粟至
稍後舉國困億一邑一郡之災不暇恤
矣夫潰故道分橫流而後安舍是亡策
矣然沙積也高道然後塞升沙並岸水

河源考

夏書禹貢

導河積石至于龍門南至于華陰東至于底柱（磁音）

又東至于孟津東過洛汭至于大伾北過降（音洚）水（音）

至于大陸又北播為九河同為逆河入于海

蔡傳曰河自積石三千里而後至龍門經但一

書積石不言方向荒遠在所畧也龍門而下因

其所經記其自北而南則曰南至華陰記其自

南而東則曰東至底柱又詳記其東向所經之

地則曰孟津曰洛汭曰大伾又記其自東而北
則曰北過洚水又詳記其北向所經之地則曰
大陸曰九河又記其入海之處則曰逆河自洛
汭而上河行于山其地皆可考自大伾而下坯
岸高于平地故決齧壅流移水陸變遷而降水大
陸九河逆河皆難指實然上求大伾下得碣石
因其方向辨其故迹則猶可考也
程氏曰自洛汭以上山水名稱迹道古今如一
自大伾以下不特水道難考辨名山舊嘗憑河
者亦複不可死辨非山有徙移山河既緩遷年

校點與校訂説明

　　明朝吴山、劉隅《治河通考》十卷，是我國明朝眾多治河著作中較爲出色者。明焦竑《國史經籍志》卷三史類、明朱睦㮮《萬卷堂書目》卷二以及清人編《明史》卷九十七《藝文志》二、《四庫全書總目提要》等官私書目均有著録，可稱流傳有緒，明確可靠。是書初刻本爲明嘉靖十五年（1536）顧氏刻本。此本前有“嘉靖癸巳（嘉靖十二年，1533）春二月辛巳相臺崔銑序”，卷一前附有《河源圖》四幅，《黄河圖》八幅。每半葉十行，行十八至十九字。卷十之後，附以《欽差總理河道都察院右副都御史劉　爲會計預備嘉靖十四年河患事》奏章一、《欽差總理河道都察院右副都御史李　上疏爲議處黄河大計事》（作於“嘉靖拾伍年肆月貳拾伍日”）奏章一，末有吴山《治河通考後序》，署銜爲“賜進士出身嘉議大夫都察院右副都御史奉敕巡撫河南等處地方松陵吴山書”。據明雷禮《國朝列卿記》卷一百四載：吴山“嘉靖十年任巡撫河南右副都御史，十三年降浙江右參議”，則可推知《治河通考》刊刻蓋始於嘉靖十二年，而刻成於嘉靖十五年四月二十五日之後，故姑定初刻本爲嘉靖十五年刻本〔一〕，書末所附兩篇奏章應當是開雕之中所添加者。此後流傳蓋寡，著録亦尠，至如《四庫全書總目提要》將作者吴山混同於江西高安人吴山，顯係失考，詳見下文。作者吴山，同名者甚多，而核之《治河通考》序跋所及作者字號里貫等記載，則以明過庭訓撰《本朝分省人物考》卷二十二（天啓刻本）所載吳山生平事蹟爲是，今括約如下：

　　吳山字靜之，號訒庵，吳江人。生而英異，十二歲能屬文。弘治乙卯（弘治八年，1495）舉鄉試，正德戊辰（正德三年，1508）與弟嚴同登進士，除刑部主事，歷陞員外郎、郎中，廉隅抗直。正德丙子（正德十一年，1516）奉命録囚江右。庚辰（正德十五年，1520）擢山東副使。居無何，擢陝西右參政。嘉靖甲辰（嘉靖二十三年，1544。當爲甲申之譌，甲申爲嘉靖三年，1524）改浙江道。尋丁父艱。丁亥（嘉靖六年，1527），服闋，授福建按察使。己丑（嘉靖八年，1529）擢江西左布政使。辛卯（嘉靖十年，1531）有巡撫河南之命，時水旱薦劇，調陳賙恤，民賴更生。山以河南惟河患爲甚，遂根極利害，著《治河通考》十卷，行於世。乙未（嘉靖十四年，1535），擢江西參政，尋擢南府丞。丁酉（嘉靖十六年，1537）以僉都御史巡撫四川。明年（1538）晋右副都御史，提督南贛軍務。既又晋左侍郎。越二年（1541），遂拜尚書，明罰恤刑，庶獄詳允，威稜截然，無所顧避。詔免官去，行未至彭城，遂逝，壽七十有三。

此外，關於吳山年里與仕途簡歷，明雷禮《國朝列卿記》（萬曆徐鑒刻本）多次記載，其卷五十六載：“吳山，直隸吳江人。正德戊辰進士，嘉靖二十年任，二十一年爲民。”又卷一百四載：“吳山字靜之[二]，直隸蘇州府吳江縣人，正德戊辰進士，嘉靖十年任巡撫河南右副都御史，十三年降浙江右參議。十五年陞順天府尹，十六年陞巡撫四川左僉都御史，十七年以右副都御史任，十八年遷刑部右侍郎，歷尚書，詳刑部。”與前引過庭訓之記載相核，兩相印證，大致相合無誤。可見《治河通考》作者之吳山字静之，號訒庵，是直隸吳江（今江蘇省吳江市）人，生於明英宗正統五年（1440），明武宗正德戊辰（正德三年，1508）進士及第，明世宗嘉靖二十年（1541）擢刑部尚書，翌年（1542）免官，尋卒，年七十三。仕宦履歷完整，確鑿無疑。

　　據崔銑序及吳山後序，《治河通考》一書編纂於吳山巡撫河南一年之後，吳山治理黃河熟悉河務後，覺得此前刊行治河之書《治河總考》"疎遺混複，字半訛舛，其肇作之意固善，惜其未備晰也"，於是根據自己治河心得，授意被貶謫到開封府下屬許州判官劉隅重新加以編纂，其時間便在嘉靖十一年（1532）到十二年（1533）崔銑作序前。此書刊行以後之載録，先見諸明朝藏書家書目，如明焦竑《國史經籍志》卷三史類（明徐象橒刻本）載："《治河通考》三卷，劉隅。"又明人朱睦㮮《萬卷堂書目》（清光緒至民國間觀古堂書目叢刊本）卷二亦載："《治河通考》三卷，劉隅。"其作者多署作劉隅，蓋以此書編纂經過數手，而終成於劉隅也。據作於嘉靖癸巳（嘉靖十二年，1533）春二月相臺崔銑序稱："訒庵吳公巡撫河南之踰年，貞度飭務，體宏理密"，而後"又命前御史劉隅氏輯河書，開封顧守鐸刻板，畢登良策，可稽而法焉"。則此書係吳山構思，授命劉隅操觚編輯，而後由開封守顧鐸雕板刊行。吳山在書末《治河通考後序》中説："余受命來撫兹土，固慄慄以河爲至慮，防治稍悉，民頗奠乂。間閱近時所刻《治河總考》，疎遺混複，字半訛舛，其肇作之意固善，惜其未備晰也，乃命開封顧守符下謫許州判官劉隅，重加輯校，彙分序次，一卷曰《河源考》，二卷曰《河決考》，三卷之九卷曰《議河治河考》，末卷曰《理河職官考》。上泝夏周，下迄今日，總十卷，更題之曰《治河通考》。"則此書名原作《治河總考》，劉隅輯校之後改爲"《治河通考》"。復考《治河總考》一書，據《四庫全書總目提要》載，本爲"明車璽撰"，并可從《續通志》《續文獻通考》諸書得到證明。車璽是"宛平（今屬北京市）人，成化戊戌（成化十四年，1478）進士，官至河南按察司僉事"。其書"考歷代治河之事，以時代先後爲次，始周定王，終明嘉靖十七年。又以《禹貢》《史記·河渠書》《漢書·溝洫志》《元史·河源》附錄，宋濂《治河議》《河南總志》諸條列後"。但此書作者亦非止車璽一人，還有部分内容爲陳銘續編，且體例不清，刊刻亦非精良："其標題又稱山東兗州府同知陳銘續編。前後無序跋，不知孰爲璽之原書，孰爲銘之所補。體例參差，刊刻拙陋。蓋當時書帕本也。"（《全書總目》）其内容與版本，對照吴山跋中所稱"踈遺混複，字半訛舛"，基本符合。可見此書到劉隅手裏是"重加輯校，彙分序次"，是在車璽、陳銘原書基礎上加以重編而成者。唯明朝私家藏書目録著録爲三卷，而此書實際爲十卷，出入較大，其間緣由，蓋以《治河通考》卷一至卷三爲"（卷）上"，卷四至卷七爲"（卷）中"，卷八至卷十爲"（卷）下"，故著録爲三卷。就《四庫全書總目提要》所述，吴、劉重編本祖述車、陳原本之格局框架仍隱然可見，而重編本超越原本，後出轉精，自是不言而喻。吴山、劉隅重編《治河通考》，其目的是爲治河事業，使後來治河者"易於探檢，有所式則"，即方便查找，有所依倣與借鑒，以收成效；又爲皇帝减輕顧慮黄河水災之壓力。

吴山《後序》自署鄉里曰"松陵吴山"，其故何也？原來松陵即吴江别名。元人陳師凱《書蔡氏旁通》卷二載："松江，《寰宇記》云：'松江在蘇州吴縣，自太湖出海屈曲七百里。又名吴江，又名松陵，又名笠澤。'"則吴山自署"松陵吴山"與過庭訓《本朝分省人物考》中所載，合若符契，無可質疑。因此《四庫全書總目提要》將明朝另一位吴山（字曰静，江西高安人，嘉靖十四年進士及第）與松陵吴山混爲一談，實則係未仔細考證兩者生平里貫及其行歷所致。

　　劉隅(1490—1566)生平,見於過庭訓《本朝分省人物考》卷九十五,今概括如下:

　　　　劉隅字叔正,號範東,兖州東阿人。舉嘉靖癸未(嘉靖二年,1523)進士,授福建道監察御史,陞四川按察司僉事,晋河南管河副使,陞河南按察使。明年進右副都御史。嘉靖二十一年(1542)被劾回籍,家居幾三十年。卒年七十七。隅博極群書,文詞沉雅,號爲名家。所著有《文集》《奏議》《治河通考》《古篆分韻》諸書。

　　據《四庫全書總目提要》載:《治河通考》一書"前有崇禎戊寅其曾孫士顔序略。蓋重刊時所作也",崇禎戊寅爲崇禎十一年(1638),則可知迄明朝末年,此書至少刊行過兩個版本,重刊本有吴山曾孫吴士顔所作序略。《四庫全書》所收即此重刊本。以是而言,今《續修四庫全書》第八四七册所收《治河通考》則爲嘉靖十二年(1533)初刻本。

　　此書校點整理即以《續修四庫全書》所收初刻本爲底本,以釐清句讀爲主。始由姜浩碩士擔任,未竟全功而中輟,嗣後由我承擔校訂之責。此次校訂並兼校對,除通讀全書,將原作校勘記重編序號外,於原有校勘記一般予以保留,少量有明顯疑問者則修改之;統一校勘用語,亦統一校勘格式。爲區別校點者、校訂者及電腦輸入者所做工作,以"原稿"指姜浩碩士校點稿,而以"打印稿"稱姜浩所交與中國水利博物館之電腦輸入稿,以"補校"標明校訂者所作補校等事(附錄資料校勘記因收集校勘均由校訂者完成,故不加"補校"字樣)。校訂中有以下幾種情形需要略加交代:

　　一、據卷首所示,校點者原稿所用底本爲"上海圖書館藏明嘉靖

十二年顧氏刻本影印"。就校勘記看來,校點者并無其他版本可作
對校,而多以水書如《水經注》、類書如《太平御覽》及有關正史、正史
之《溝洫志》《河渠志》一類涉水史料作他校。而據類書、正史等他校
文字改動原書文字者爲數甚多,如卷一、卷二、卷三、卷四均可見一
斑。校訂者別無版本可依,校訂中亦大致引用正史涉水之志,間亦
引用其他史料如《歷代名臣奏議》《行水金鑒》一類爲旁證校勘之。
凡校訂時改動之處,均注明所持根據。個別文字改動無版本和旁證
相佐者,則據上下文義判斷之。此校勘學中所謂理校之法,然需確
有把握者方用之。

　　二、校點者所作句讀大體可靠,然亦有不少句讀欠妥甚至誤讀
之處。如卷二附録"今正德丙子又北侵,水至大堤,欽差總理河道工
部右侍郎兼都察院左僉都御史安福趙公同漳於季春沐浴齋戒,以祭
河神。季夏水發,漳又潔己而祭,遂遠退八里。"其中"漳又潔己而
祭"原讀作"漳又潔。己而祭",則係明顯誤讀。同卷下文王氏炎曰:
"……漢元光三年,河徙東郡,更注渤海,繼決于瓠子,又決于魏之館
陶,遂分爲屯氏河。大河在西,屯河在東,二河相並而行。"其中"大
河在西,屯河在東"原讀作"大河在西屯,河在東"亦係誤讀。凡此之
類,校訂者據淺見有所訂正。

　　三、原稿所作校勘記隨文標記於空白處,打印者隨其校勘序號
附入正文之中,致使混而難分。今將校勘記統一移至卷末,統一重
編序號。序號概置於該句標點符號之前,以清眉目。

　　四、打印稿所脫之字,據原稿補之;或有原稿脫落之字,據其他
史料(個別據上下文之義)補足之;或有打印稿據底本誤字依樣畫葫
蘆,而校點者未予改正者,則據上下文義改正之,如底本"昜"字或刻
作"易"字,即是其例;打印稿中脫落校勘記者,據原校語補入,如卷

五"河溢北京帥臣王拱辰言"條"帥"原作"師",據《宋史·河渠志》文意改條校勘記漏録,因據原校補入。

五、原稿脱漏句讀處,如卷一《河源考》"河水又東逕注賓城南"下注文"即經所謂蒲昌海也"至"因名龍城",均未施加句讀,則予以補校補讀。

六、打印稿將原文正文與注文以同樣字號輸入,致使混而難辨,極易誤讀誤導。今據底本分以別之,凡屬注文概用小一號字,俾省覽者可收一目瞭然之效。

七、校訂者所作補校,與校點者原校勘記統一編號,唯於序號下標以"補校"二字別之,以明責任。

八、原書雕板文字有以當時俗體、省體、異體代正字者,若無關上下文義,一般仍其舊;若有礙於上下文義之正確理解,易致歧義者,則改爲正體字。如卷二開頭"周定王五年河徙砱礫"條下引"晉景公十五年《穀梁傳》","穀"原作"穀",而"穀"是灌木,其皮是古代造紙與紡織之優良原料,其籽可入藥,兩字形近而義遠,因改。又如卷二"徽宗……二年九月己卯"條,原作"二年九月巳卯",則以前賢雕板於"巳己巳"三字每不甚分別而誤,不得不改。

九、校點者所作改正譌誤、補脱删衍諸方面校勘工作,或注明來源,或標明依據,然亦有校勘改動而未標明來源所持依據者,如卷三"陶唐氏"條下"於是禹以爲河所從來者高,水湍悍,難以行平地"之"行"字爲校點者補入,然未標明所持依據。只得仍其舊。或有校改未得其當者,如卷三"平帝"條下"司掾桓譚與其議"之"與"字,校點者改爲"典"字,而未標明依據。其底本原作"與"字,其義本無不通,改成"典"字反倒不通,不知爲何改字? 今因回改爲"與"字。亦有校點者所作校改之處,引用他書爲據而誤記書名或篇名者,如卷四共九引《宋史·河渠志》，其中有三處誤標爲《宋史·溝渠志》，今予改正，以免誤導。

十、底本文字中凡遇皇帝、朝廷、欽差等有關需要尊崇字眼均換行頂格，或者換行隆起一字諸格式，此次校訂時一律改成普通行文格式。

十一、校訂者檢索文獻，蒐集有關藏書目錄、筆記、雜史、方志等史料，將此書著錄、作者有關傳記等作爲附錄，附於全書之末，以資考證覆核之用。

由於校訂者學殖淺陋，且限於校勘條件，此次校訂雖以臨深履薄之心從事，猶恐難免掛一漏萬。方家通人，其教正之是幸！

胡正武

二〇一五年四月五日

注：

①據《四庫提要》載車璽《治河總考》所收歷代治河史料，始於周定王，而終於明嘉靖十七年。與吳山《治河通考後序》中所稱時間差互，按崔銑序中所言，吳山指示劉隅重輯時當在嘉靖十二年，成書當在嘉靖十三年，退一步説，即使按書末所附奏章時間而言，刊刻時間也當在嘉靖十五年，而吳山在嘉靖十年任河南巡撫時即已經閲讀到"近時所刻《治河總考》，疎遺混複，字半訛舛"，怎麽可能其史料收錄年限會晚於《治河通考》刊行之年呢？此余所未解之甚者也。或者《四庫全書》所收《治河總考》之本與吳山當時所讀之本非同一本，而是後來有所修訂增補之本，纔會出現其收錄史料時限晚於《治河通考》之事。姑存此疑，錄以備考。

②吳山字靜之：原文空"字"後兩字，兹據《本朝分省人物考》補。

治河通考序

　　訒庵吴公巡撫河南之踰年[一]，貞度飭務，體宏理密，謂河之災豫，修塞勞煩，足當一邊之擾。既擇才而任，脱夏邑之泇，道趙皮之豬。又命前御史劉隅氏輯河書，開封顧守鐸刻板，畢登良策，可稽而法焉。嗟乎！聖神如禹，雖曰十有三載乃績，然不能弭後害[二]。自漢以來，知議之，能行之，勇力之，腐舌刮齒，焦心銷骨。多者十數年，少者一二年輒決，夷屋寢甊，飄資蕩生。天子親沉璧馬，臨水太息。

　　國家都燕，輓江南之粟，上下咸寄命焉。既賴河以利舟楫，亦恐其遂嚙漕渠。粟至稍後，舉國困憊，一邑一郡之災不暇恤矣。夫濬故道，分横流，而後安舍，是亡策矣。然沙積地高，道然後塞，升沙並岸，水至復然，萬人之功付於烏有。不若隨勢相宜，別就奏下之利而道之，毋與水争，毋犯水怒，毋惜棄田，毋阻多口，所占田廬量給之費而蠲其租，民亦樂從。況並河之田有填淤之饒，可相易乎？夫物敝有因，水決以漸，此塞彼行，非由齊發蟻穴可以毀防，線隙可以崩郭，故貴乎先事而備。一歲不溢，遂幸無爲，玩日愒月，坐待其不支。況乎遷代之速不盡其才，官殁之分不專其任，卷埽築堤，姑具苟完，買逸騰賈，非利公家乎？今夫農之作垣也，其基厚，其上塗，題畚孔良，築削孔力，雖遭秋霖泛潦[四]，亡傷豪末。官府作埔，或破百金，不月

而摧,何哉？農自爲而官爲人也！嘉靖癸巳春二月辛巳相臺崔銑序

校勘記：

〔一〕補校：明陳子龍《明經世文編》（簡稱《經世文編》本）卷一百五十三《治河總考序》"吳公"下有"静之"兩字。

〔二〕補校："𢇍"，《經世文編》本作"絶"。"𢇍"即"絶"之古文。

〔三〕補校："賈"，《經世文編》本作"價"。按"賈""價"古今字，其義可參。

〔四〕補校："泛"，《經世文編》本作"之"。兩字形近易譌。

漢河隄謁者箴

崔瑗撰

伊昔鴻泉，浩浩滔天。有夏作空，爰奠山川。導河積石，鑿于龍門。疏爲砥柱，率彼河滸。太陸既礙，播于北野。濟潔咸順，沂泗從流。江淮湯湯，而冀宅乃州。澹菑濺濺，東歸于海。九野孔安，四隩不殆。爰及周衰，夏績陵遲。導非其導，堙非其堙。八野填淤，水高民居。溢溢滂汩，屢決金隄。瓠子潺湲，宣房作歌。使臣司水，敢告執河。

目 録

治河通考卷之一

河源考

《夏書·禹貢》：

導河積石，至于龍門。南至于華陰，東至于底音砥柱。又東至于孟津，東過洛汭，至于大伾。北過洚音降水，至于大陸。又北播爲九河，同爲逆河，入于海。

蔡傳曰：河自積石，三千里而後至龍門。《經》但一書積石，不言方向荒遠在所，略也。龍門而下，因其所經，記其自北而南，則曰南至華陰；記其自南而東，則曰東至底柱。又詳記其東向所經之地，則曰孟津，曰洛汭，曰大伾。又記其自東而北，則曰北過洚水。又詳記其北向所經之地，則曰大陸，曰九河。又記其入海之處，則曰逆河。自洛汭而上，河行于山，其地皆可考。自大伾而下，垠岸高于平地，故決齧流移，水陸變遷，而洚水、大陸、九河、逆河皆難指實。然上求大伾，下得碣石，因其方向，辨其故迹，則猶可考也。

程氏曰：自洛汭以上，山水名稱迹道，古今如一。自大伾以下，不特水道難考，雖名山舊嘗憑河者，亦復不可究辨。非山有徙移也，河既變遷，年世又遠。人知新河之爲河，不知舊山之不附新河，輒並河求之，安從而得舊山之真歟？

《西漢書·張騫傳》：

漢使窮河源，其山多玉石，采來，天子案古圖書，名河所出山崑
崙云。

《西漢書·西域志》：

西域中央有河，其河有兩原：一出葱嶺山下，一出于闐。于闐在
南山下，其河北流，與葱嶺河合，東注蒲昌海。蒲昌海，一名塩澤者
也，去玉門陽關三百餘里，廣袤三百里。其水停居[一]，冬夏不增減，
皆以爲潛行地下，南出於積石，爲中國河云。

《山海經》[二]：

崑崙山縱橫萬里，高萬一千里，去嵩山五萬里，有青河、白河、赤
河、黑河環其墟。其白水出其東北陬，屈向東南，流爲中國河。河百
里一小曲，千里一大曲，發源及中國大率常然。東流潛行地下，至規
期山北流，分爲兩源：一出葱嶺，一出于闐。其河復合，東注蒲昌海，
復潛行地下。南出積石山，西南流，又東廻入塞，過燉煌、酒泉、張掖
郡，南與洮河合，過安定、北地郡，北流過朔方郡西[三]，又南流過五
原郡南，又東流過雲中、西河郡東，又南流過上都、河東郡西而出龍
門，汾水從東於北入河，東即龍門所在[四]。龍門未開，河出孟門，東
大溢，是謂洪水。禹鑿龍門，始南流，至華陰潼關，與渭水合，又東廻
砥柱。砥柱，山名。河水分流，包山而過，山見水中，若柱然。今陝
州東、河北、陝縣三縣界，及洛陽、孟津所在。至鞏縣與洛水合，成皋
與濟水合。濟水出河北，至王屋山而南，截河渡，正對成皋，又東北
流過武德，與沁水合，至黎陽信都。信都，今冀州，絳水所在。絳水
亦曰潰水，一曰漳水。鉅鹿之北，遂分爲九河。鉅鹿，今邢州，大陸
所在。大陸，澤名。九河，一曰徒駭，二太史，三馬頰，四覆釜，五胡

蘇[五]，六簡，七絜，八鉤盤，九鬲津。又合爲一河而入海。齊桓公塞
九河以廣田居[六]，故館陶、貝丘[七]、廣川、信都、東光、河間以東城
池，九河舊迹猶存。漢代河決金隄，南北多罹其害，議者常欲求九河
故迹而穿之，未知其所。是以班固云：自兹距漢，已亡其八枝[八]。
河之故瀆，自沙丘堰南分河出焉[九]，故《尚書》稱：導河積石，至于龍
門。今絳州龍門縣界。南至于華陰，北至于砥柱，東至于孟津，在洛
北，都道所湊古今以爲津[一〇]。東過洛汭，至于大伾。洛汭，今鞏
縣，在河洛合流之所也。大伾山，今汜水縣，即故成皋也。山再成曰
伾。北過絳水[一一]，至於大陸。其絳水，今冀州信都。大陸，澤名，
今邢州鉅鹿。又北播爲九河，同爲逆河入海是也。同合出九河，又
合爲一，名爲逆河。逆，迎也[一二]，言海口有潮夕，潮以迎河水。

《水經》酈道元注：

崑崙墟在西北。

　　三成爲崑崙丘。《崑崙説》曰：崑崙之山三級[一三]：下曰樊桐，一名
板松；二曰玄圃，一名閬風；上曰層城，一名天庭，是謂太帝之居。

去嵩高五萬里，地之中也。

　　《禹本紀》與此同。高誘稱河出崑山，伏流地中萬三千里，禹導而通
之，出積石山。按《山海經》，自崑崙至積石一千七百四十里，自積石出
隴西郡至洛，準地志可五千餘里。

河水出其東北陬，

　　《春秋説題辭》曰：河之爲言荷也。荷精分布懷陰，引度也。《釋名》
曰：河，下也，隨地下處而通流也。《考異郵》曰：河者，水之氣，四瀆之精
也，所以流化。《元命苞》曰：五行始焉，萬物之所由生，元氣之腠液也。
《孝經·援神契》曰：河者，水之伯，上應天漢。《風俗通》曰：江、淮、河、

濟爲四瀆。四瀆通也,所以通中國垢濁。《白虎通》曰:其德著大,故
稱瀆。

屈從其東南,流入于渤海。

　　《山海經》曰:南即從極之淵也,一曰中極之淵,深三百仞,唯馮夷都
焉。《括地圖》曰:馮夷恒乘雲車,駕二龍。河水又出於陽紆、陵門之山,
而注於馮逸之山。

又出海外,南至積石山,下有石門,河水冒以西南流。河水又南
入葱嶺山,

　　河水重源有三,非爲二也。一源西出捐毒之國,葱嶺之上,西去休
循二百餘里,皆故塞種也。南屬葱嶺,高千里。《西河舊事》曰:葱嶺在
燉煌西八千里,其山高大,上生葱,故曰葱嶺也。

又西逕罽賓國北〔一四〕,

　　月氏之破〔一五〕,塞王南君罽賓,治循鮮城。土城平和,無所不有,金
銀珍寶、異畜奇物踰於中夏大國也。

又西逕月氏國南,又西逕安息南,與蜺羅跂禘水同注雷翥海。

　　釋氏《西域傳》曰:蜺羅跂禘出阿耨達山西之北,逕于闐國。《漢
書·西域傳》曰:于闐以西,水皆西流,注于西海。

又西逕四大塔北,又西逕陀衛國北。河水又東逕皮山國北,其
一源出于闐國南山,北流,與葱嶺河合,東注蒲昌海。

又西北流注于河。

　　即經所謂北注葱嶺河也。

南河又東逕于闐北。

　　釋氏《西域記》曰:河水東流三千里至于闐,屈東比流者也〔一六〕。

《漢書·西域傳》曰：于闐已東水皆東流。

南河又東北逕杆彌國北，又東逕且末國北。

北河又東北流，分爲二水，枝流出焉。北河自疎勒逕流南河
之北。

北河又東逕莎車國南。

　　治莎車，域西南[一七]，治去蒲黎一百四十里。漢武帝開西域，田於
此，有鐵山，出青玉。

北河之東南逕温宿國。

　　治温城，上地，物類與鄯善同。北至烏操赤谷六百一十里，東通姑
墨二百七十里，於此枝河右入北河。

北河又東逕姑墨國南。

　　入姑墨，川水注之，導姑墨西北，赤沙山東南，流逕姑墨國西治，南
至于闐，馬行十五日。

河水又東逕注賓城南，又東逕樓蘭城南而東注。

河水又東注于泑澤。

　　即經所謂蒲昌海也。水積鄯鄯之東北，龍城之西南。龍城，故姜賴
之靈，胡之大國也。蒲海溢盪覆其國，城基尚存，而至大，晨發西門，暮
達東門。淪其岸，岸餘溜，風吹稍成龍形，皆西面向海，因名龍城。

又東入塞，過燉煌、酒泉、張掖郡南。

河水又自東河曲逕西海郡南。

河水又東逕允川而歷大榆谷北。

又東過隴西河關縣北，洮水從東南來，流注之。

河水又東北流入西平郡界，左合二川，南流入河[一八]。河水東，

又逕澆河故城北,又東北逕黄川城。河水又東逕石城南,左合北谷水,又東北逕廣違城北,又合烏頭川水。河水又東臨津,溪水注之;東逕赤岸北,洮水注之。又東過金城、允吾、榆中、天水、安定北界麥田山。河水東北流,逕於黑城北,又東北,高平川水注之,又北過北地富平縣西。

　　以後俱逕晉地。

　　又南出龍門口,汾水從東來注之,南逕子夏石室;又南至華陰潼關,渭水從西來注之。河水歷船司空,與渭水會。河水又東北,玉澗水注之。又東過砥柱閒,河之右則崤水注之。河水又東,千崤之水注焉。又東過平陰縣北,又東至鄧,清水從西北來注之。又東逕平陰縣北,河水右會淇水。河水又東過平陰縣北,湛水從北來注之。河水又東。

　　河水又東逕洛陽縣北。河水又東,淇水入焉〔一九〕。又東,沸水注焉。又東過鞏縣北,洛水從縣西北流注之。又東過成臯縣北,濟水從北來注之。

　　河水東逕成臯大伾山下,南對玉門,又東合汜水,又東逕五龍塢北,又東過滎陽縣,浪蕩渠出焉。

　　河水又東北逕卷之扈亭北、武德縣東〔二○〕,沁水從之,東至酸棗縣西,濮水東出焉。河水又東北,通謂之延津,又逕東燕縣故城北,則有濟水自北來注之。

　　河水又東,淇水入焉。又東逕遮害亭南,又右逕滑臺城,又東北過黎陽縣南,自津東北逕凉城縣。又東北逕伍子胥廟南,又東北爲長壽津。

　　至于大陸,北播于九河。

以後俱逕衞、魯、趙地，北入海。

《元史・河源附録》：

河源古無所見。《禹貢》導河，止自積石。漢使張騫持節，通西域，度玉門，見二水交流，發葱嶺，趨于闐〔二一〕，匯塩澤，伏流千里，至積石而再出。唐薛元鼎使吐蕃，訪河源，得之於悶磨黎山。然皆歷歲月，涉艱難，而其所得不過如此。世之論河源者，又皆推本二家。其説恠誕，總其實，皆非本真。意者，漢唐之時，外夷未盡臣服，而道未盡通，故其所往，不無迂回艱阻，不能直抵其處而究其極也。元有天下，薄海内外，人迹所及，皆置驛傳，使驛往來，如行國中。至元十七年，命都實爲招討使，佩金虎符，往求河源。都實既受命，是歲至河州。州之東六十里，有寧河驛。驛西南六十里，有山曰殺馬關，林麓窮隘，舉足浸高，行一日至巔。西去愈高，四閲月始抵河源。是冬還報，并圖其城傳位置以聞。其後翰林學士潘昂霄從都實之弟闊闊出得其説，撰爲《河源志》〔二二〕。臨川朱思本又從公八里吉思家得帝師所藏梵字圖書，而以華文譯之，與昂霄所志互有詳略。今取二家之書，考定其説，有不同者，附注于下。按：河源在吐蕃朶甘思西鄙，有泉百餘泓，沮洳散涣，弗可逼視，方可七八十里〔二三〕。履高山下瞰，燦若列星，以故名火敦腦兒。火敦，譯言星宿也。思本曰：河源在中州西南，直四川馬湖蠻部之正西三千餘里，雲南麗江宣撫司之西北一千五百餘里，帝師撒思加地之西南二千餘里〔二四〕。水從地涌出如井〔二五〕。其井百餘，東北流百餘里匯爲大澤，曰火敦腦兒。群流奔輳，近五七里，匯二巨澤，名阿剌腦兒。自西而東，連屬吞噬，行一日，迤邐東鶩成川，號赤賓河。又二三日，水西南來，名赤里出，與赤賓河合。又三四日，水來南，名忽闌。又水東南來，名也里术，合流入赤賓，其流浸大，始名黄河。然水猶清，人可涉。思本曰：忽闌河源出自南山，其地大山峻嶺，綿亘千里，水流五百餘里，注也里出河。也里出河源亦出自南山，西北流五百餘里，與黃河合。又一二日，岐爲八九股，名也孫幹倫，譯言九渡，通廣五七里，可度馬。又四五日，水渾濁，土人抱革囊，騎過之。聚落糾木幹象舟，傅毳革以濟，僅容兩人。自是兩山峽束，廣可一里、二里或半里，其深叵測。朶甘思東北有大雪山，名亦耳麻不莫剌，其山最高，譯言騰乞里塔，即崑崙也。山腹至頂皆雪，冬夏不消，土人言遠年成冰時，六月見之。自八九股水至崑崙，行二十日。思本曰：自渾水東北流一百餘里，與懷里火禿河合。懷里火禿河源自南山，正北偏西流八百餘里，與黃河合，又東北流一百，過即麻哈地。又正北流一百餘里，乃折而西北流二百餘里，又折而正北流一百餘里，又折西而東流，過崑崙山下，番名亦耳麻不剌。其山高峻非常，山麓綿亘五百餘里，河隨山足東流，過撒思家，即闊闊提地。河行崑崙南半日，又四五日，至地名而闊及闊提[二六]，二地相屬。又三日，地名哈剌別里赤兒，四達之衝也，多寇盜，有官兵鎮之。近北二日，河水過之。思本曰：河過闊提，與亦西八思今河合。亦西八思今河源自鐵豹嶺之北，正北流凡五百餘里，而與黃河合。崑崙以西，人簡少，多處山南。山皆不穿峻，水益散漫，獸有毳牛、野馬、狼、狍、羱羊之類。其東，山益高，地益漸下，岸狹隘，有狐可一躍而越之處。行五六日，有水西南來，名納隣哈剌，譯言細黃河也。思本曰：哈剌河自白狗嶺之北，水西北流五百餘里，與黃河合。又兩日，水南來，名乞兒馬出。二水合流入河。思本曰：自哈剌河與黃河合，正北流二百餘里，過河以伯站，折而西北流，經崑崙之北二百餘里，與乞里馬出河合。乞里馬出河源自威、茂州之西北，岷山之北，水北流，即占當州境，正北流四百里，折而西北流，又五百餘里與黃河合。河水北行，轉西流，過崑崙北，一向東北流，約行半月，至歸德州，地名必赤里，始有州治官府。州隸吐蕃等處宣慰司，司治河州。又四五日，至積石州，即《禹貢》積

石。五日至河州安鄉關，一日至打羅坑。東北行一日，洮河水南來
入河。思本曰：自乞里馬出河與黃河合，又西北流，與鵬拶河合。鵬拶河源
自鵬拶山之西北，水正西流七百餘里，通札塞塔失地〔二七〕，與黃河合。折而西
北流三餘里，又折而東北流，過西寧州、貴德州、馬嶺凡八百餘里，與邈水合。
邈水源自青唐宿軍谷，正東流五百餘里，過三巴站，與黃河合。又東北流，過
土橋站古積石州來羌城、廓州摶米站界都城凡五百餘里，過河州，與野龎河
合。野龎河源自西傾山之北，水東北流凡五百餘里，與黃河合。又東北流一
百餘里，過踏白城銀川站與湟水、浩亹河合。湟水源自祁連山下，正東流一
千餘里，注浩亹河。浩亹河源自刪丹州之南刪丹州下，水東南流七百餘里，
注湟水〔二八〕，然後與黃河合。又東北流一百餘里，與洮河合。洮河源自羊撒
嶺北，東北流過臨洮府，凡八百餘里，與黃河合。又一日，至蘭州，過北卜
渡，至鳴沙河，過應吉里州，正東行，至寧夏府南，東行，即東勝州，隸
大同路。自發源至漢地，南北潤溪，細流旁貫，莫知紀極。山皆草
石，至積石，方林木暢茂。世言河九折，彼地有二折，蓋乞兒馬出及
貴德必赤里也。思本曰：自洮水與河合〔二九〕，北流過達達地〔三〇〕，凡八百餘
里。過豐州西受降城，折而正東流，過達達地古天德軍中受降城〔三一〕、東受降
城凡七百餘里。折而正南流，過大同路雲內州、東勝州與黑河合。黑河源自
漁陽嶺之南〔三二〕，水正西流，凡五百里，與黃河合。又正南流，過保德州及興
州境，又過臨州，凡一千餘里，與吃那河合。吃那河源自古宥州，東南流通陝
西省綏德州，凡七百餘里，與黃河合。又南流三百餘里，與延安河合。延安
河源自陝西蘆子關亂山中，南流三百餘里，過延安府，折而正東流三百里，與
黃河合。又南流三百里，與汾河合。汾河源自河東朔、武州之南亂山中，西
南流，過管州，冀寧路汾州、霍州，晋寧路絳州，又西流，至龍門，凡一千二百
餘里，始與黃河合。又南流二百里，過河中府，過潼關，與太華、太山綿亘，水
勢不可復南，乃折而東流。大槩河源東北流，所歷皆西蕃地，至蘭州凡四千
五百餘里，始入中國。又東北流，過達達地，凡二千五百餘里，始入河東境

内。又南流至河中，一千八百餘里，通計九千餘里。

　　國朝《河南總志》所載河源及流，雖略於古説，然詳于近蹟，今亦附録于後。

　　黄河源出西蕃星宿海，貫山中，出至西戎，名細黄河。繞崑崙，至積石，經陝西、山西境界，至河中、潼關，流經河南之閿鄉、靈寶、陝、汃池、新安、濟源、孟津、孟、鞏、温、汜水、武陟、河陰、原武、滎澤、陽武、中牟、祥符、尉氏、陳留、通許、杞、太康、睢寧、陵、歸德諸州縣，至直隸亳縣馬丘村合馬腸河，城西北合渦河。東至直隸懷遠縣之荆山合淮。其在孟津西有楊家灘，西北有維家灘、杏園灘、馬糞灘，築護民堤三百十五丈，永安堤一百二十丈，以防漫流。又有支流：一自祥符縣西南八角，決入安家河〔三〕。一股從朱仙鎮閘店流經尉氏。一股從三里岡、劉岡流經通許北境，俱至扶溝鐵佛寺合，流經西華，會沙河、潁河入北湖。又經商水、項城之南頓，至直隸壽州西，至正陽鎮合淮。一自祥符縣白墓子岡決入，流經通許、杞、太康之馬廠集，舊名馬廠河，又經柘城縣鹿邑東北境，合渦河，至亳縣北關，仍入本河，合淮，俱入海。

校勘記：

〔一〕“停”，《漢書・西域傳》作“亭”。補校：“亭”“停”古今字。

〔二〕以下引文實引自《太平御覽》。《太平御覽》作引自《山海經》《吕氏春秋》。

〔三〕“北”，原書作“地”，據《太平御覽》改。

〔四〕“河東即龍門之所在”以下文字，《太平御覽》引自《吕氏春秋》。

〔五〕“胡蘇”，原書作“湖蘇”，據《太平御覽》及下文改。

〔六〕“齊”，原書作“濟”，據文意改。

〔七〕"貝",原書作"具",據《太平御覽》改。

〔八〕"已",原書作"以",據《太平御覽》改。

〔九〕"河",原書作"也",據《太平御覽》改。

〔一〇〕"湊",原書作"奏",據《太平御覽》改。

〔一一〕"絳",原書無,據《太平御覽》補入。

〔一二〕"迎",原書作"行",據《太平御覽》改。

〔一三〕"三",原書作"二",據文意及《太平御覽》改。

〔一四〕補校:"廚",原作"剢",蓋當時俗體,今改爲通用字。下同。

〔一五〕補校:"月氏",原作"月氐",今改爲通用字。下同。

〔一六〕補校:"東北",原作"東比","北"與"比"形近而譌,而於上下文義不
　　　協,今改。

〔一七〕補校:"域",疑爲"城"字之譌,以兩字形近而易譌,於上下文義不協。
　　　若果然,則其句讀亦當連讀作"治莎車城西南"爲當。因録以備攷。

〔一八〕"入",原書作"又",據《水經注》改。

〔一九〕補校:"淇",原作"淇",蓋形近而譌,今正。

〔二〇〕"武",原書無,據《水經注》補。

〔二一〕補校:"趨",原書作"超",據《元史》改。

〔二二〕"志",原書無,據《元史》補。

〔二三〕"方可",原書作"方可方",据《元史》改。"七",原書作"六",據《元
　　　史》改。

〔二四〕"師",原書作"思",據《元史》改。

〔二五〕"如",原書作"人",據《元史》改。

〔二六〕"至地名而闊及闊提",《元史》作"至地名闊即及闊提"。

〔二七〕"札",原書作"禮",據《元史》改。

〔二八〕"湟",原書作"黄",據《元史》改。

〔二九〕"洮",原書作"飛",據《元史》改。

〔三〇〕"達達地",原書作"達地",據《元史》及下文改。

〔三一〕“天德軍”，原書作“夫德軍”，據《元史》改。

〔三二〕“漁陽岭”，原書作“漢陽岭”，據《元史》改。

〔三三〕補校：“入安家河”，“入”原作“八”，以兩字形近而譌，以上下文義而言，以“入”字爲順，“八”則於義扞格。據下文“一自祥符縣白墓子岡決入”可證，因改。

治河通考卷之二

河決考 河徙壅附

周定王五年，河徙砱礫。

《晋景公十五年·穀梁傳》曰：梁山崩，壅河，三日不流。晋君召伯尊，伯尊遇輦者問焉。輦者曰："若親素縞，帥群臣哭之，既而祠焉，斯流矣。"伯尊至，君問之，伯尊如其言，而河流。《左傳》曰伯宗。

漢

文帝

十二年，冬十二月，河決酸棗東，潰金隄。

武帝

建元三年，河水溢于平原。

元光三年，春，河水徙，從頓丘東南流。夏，復決濮陽瓠子，注鉅野，通淮泗，汎郡十六。

元帝

永光五年，冬十二月，河決。初，武帝既塞宣房，後河復北，決於舘陶，分爲屯氏河，東北入海，廣深與大河等，故因其自然不隄塞也。
是歲，河決清河靈鳴犢口，而屯氏河絶。

成帝

建始四年，夏四月，河決東郡金隄，灌四郡三十二縣，居地十五
萬頃，壞官亭廬舍且四萬所。

河平三年，秋八月，河復決平原，流入濟南，千乘所壞敗者半。
建始時，復遣王延世作治，六月乃成。

鴻嘉四年，秋，渤海、清河、信都河水溢溢，灌縣邑三十一，敗官
亭民舍四萬餘所。

新莽三年，河決魏郡，泛清河以東數郡。先是，莽恐河決爲元城
塚墓害。及決，東去，元城不憂水，故遂不隄塞。

唐

玄宗

開元十年，博州河決。○十四年，魏州河溢。○十五年，冀州
河溢。

昭宗

乾寧三年，夏四月，河漲，將毀滑州，朱全忠決爲二河，夾城而
東，爲害滋甚。

後唐

同光二年，秋七月，唐發兵塞決河。先是，梁攻楊劉，決河水以
限晉兵。梁所決河連年爲曹、濮患，命將軍婁繼英督汴、滑兵塞之，
未幾復壞。

晋

天福二年,河决鄆州。〇四年,河决博州。〇六年,河决滑州。

開運三年,秋七月,河决楊劉,西入莘縣,廣四十里,自朝城北流。

漢

乾祐元年五月,河决魚池。〇三年六月,河决鄭州。

周

廣順二年十二月,河决鄭州、滑州。周遣使修塞。周主以决河爲憂,王浚請自行視,許之,周塞决河。三月,澶州言天福十一年黄河自觀城縣界楚里村隄决,東北經臨黄、觀城兩縣,隔絶鄉村人戶。今觀城在河北,隔三村在河南。今臨黄在河南,隔八村在河北。官吏節級徵督賦租取路於州橋,迂曲僅數百里,每事多違程限,其兩縣所隔村鄉擬廻管係所冀便於徵督,候堙隄岸河流復故,兩縣仍舊收管,從之。

宋

太祖

乾德二年,赤河决東平之竹村,七州之地復罹水災。三年秋,大雨霖開封府,河决陽武。又孟州水漲,壞中潬橋。梁、澶、鄆亦言河决。

四年八月,滑州河决,壞靈河縣大隄。

開寶四年十一月,河决澶淵,泛數州,官守不時上言。通判司封郎中姚恕棄市,知州杜審肇坐免。

太宗

太平興國二年,秋七月,河決孟州之温縣、鄭州之滎澤、澶州之頓丘。

七年,河大漲,蹙清河,凌鄆州,城將陷。塞其門,急奏以聞,詔殿前承旨劉吉馳往固之。

八年五月,河大決滑州韓村,泛澶、濮、曹、濟諸州民田,壞居人廬舍,東南流至彭城界,入于淮。

九年春,滑州復言房村河決。

淳化四年十月,河決澶州,陷北城,壞廬舍七千餘區。

真宗

咸平三年五月,河決鄆州王陵埽,浮鉅野,入淮泗,水勢悍激,侵迫州城。

景德元年九月,澶州言河決横壠埽。

四年,又壞王公埽,並許詔發兵夫完治之。

大中祥符三年十月,判河中府陳堯叟言白浮圖村河水決溢,爲南風激,還故道。明年,遣使滑州經度兩岸,開減水河。九月,棣州河決聶家口。

五年正月,本州請徙城。帝曰:“城去決河尚十數里,居民重遷。”命使完塞。既成,又決于州東南李氏灣,環城數十里,民舍多壞,又請徙商河。役興踰年,雖扞護完築,裁免決溢,而湍流益暴,嚙地益削,河勢高民屋殆踰丈矣。民苦久役,而終憂水患。

六年,乃詔徙州于陽信之八方寺。

七年,詔罷葺遥堤,以養民力。八月,河決澶州大吳埽。

天禧三年六月乙未,夜,滑州河溢城西北天臺山旁,俄復潰于城西南岸,摧七百步,漫溢州城,歷澶、濮、曹、鄆,注梁山泊。又合清水、古汴渠,東入于淮,州邑罹患者三十二。

仁宗

天聖六年六月,河決澶州之王楚埽,凡三十步。

明道二年,徙大名之朝城縣于社婆村,廢鄆州之王橋渡、淄州之臨河鎮以避水。

景祐元年七月,河決澶州橫壠埽。

慶曆八年六月癸酉,河決商胡埽,決口廣五百五十七步。

皇祐元年三月,河合永濟渠,注乾寧軍。

二年七月辛酉,河復決大名府舘陶縣之郭固。

四年正月乙亥,塞郭固,而河勢猶壅。議者請開六塔以披其勢。

嘉祐元年,夏四月壬子朔,塞商胡,北流入六塔河,不能容。是夕復決,溺兵夫,漂芻藁,不可勝計。令三司塩鐵判官沈立往行視,而修河官皆謫竄。

神宗

熙寧元年六月,河溢恩州烏攔堤,又決冀州棗强埽,北注瀛。七月,又溢瀛州樂壽埽。

四年七月辛卯,北京新堤第四、第五埽決,漂溺舘陶、永濟、清陽以北。八月,河溢澶州曹村。十月,溢衛州王供。時新堤凡六埽,而決者二,下屬恩、冀,貫御河,奔衝爲一。

十年五月,滎澤河決,急詔判都水監俞光往治之。是歲七月,河復溢衛州王供及汲縣上下埽、懷州黄沁、滑州韓村。乙丑,遂大決於澶州曹村,澶淵北流斷絕,河道南徙,東匯于梁山張澤濼,分爲二派,一合南清河入于淮,一合北清河入于海。凡灌縣四十五,而濮、濟、鄆、徐尤甚,壞田逾三十萬頃。

> 丘公《大學衍義補》曰:此黃河入淮之始。然北時其支流由汴入泗,至清河口入淮者耳。

八月,又決鄭州滎澤。

元豐元年四月丙寅,決口塞,詔改曹村埽曰靈平。五月甲戌,新堤成[一],閉口斷流,河復歸北。

三年七月,澶州孫村陳埽及大吳、小吳埽決。

四年四月,小吳埽復大決,自澶注入御河,恩州危甚。

五年六月,河溢北京內黃埽。七月,決大吳埽堤以紓,靈平下埽危急。八月,河決鄭州原武埽,溢入利津、陽武溝、刀馬河,歸納梁山濼。

七年七月,河溢元城埽,決橫堤破。

八年三月,哲宗即位,宣仁聖烈皇后垂簾。河流雖北而孫村低下,夏秋霖雨,漲水往往東出,小吳之決既未塞,十月又決大名之小張口,河北諸郡被水災。

元符三年四月,河決蘇村。

徽宗

大觀元年丙申,邢州言河決,陷鉅鹿縣。詔遷縣於高地。庚寅,冀州河溢,壞信都、南宮兩縣。

六年四月辛卯,高陽關路安撫使吳玠言冀州棗強縣黃河清,詔許稱賀。七月戊午,太師蔡京請名三山橋銘閣曰續禹,繼文之閣門曰銘功之門。十月辛卯,蔡京等言冀州河清,乞拜表稱賀。

宣和元年九月辛未,蔡京等言南丞管下三十五埽,今歲漲水之後岸下一例生灘,河行中道,實由聖德昭格,神祇順助,望宣付史館。
詔送秘書省。

二年九月己卯,王黼言昨孟昌齡計議河事,至滑州韓村埽檢視,
河流衝至寸金潭,其勢就下,未易禦遏。近降詔旨,令就畫定港灣,
對開直河。方議開鑿,忽自成直河一道,寸金潭下水即安流,在役之
人聚首仰嘆。乞付史館,仍帥百官表賀,從之。

三年六月,河溢冀州信都。十一月,河決清河埽。是歲,水壞天
成聖功橋,官吏刑罰有差。

元

世祖

至元九年七月,衛輝路新鄉縣廣盈倉南河北岸決五十餘步。八
月,又崩一百八十三步,其勢未已,去倉止三十步。

二十三年,河決,衝突河南郡縣凡十五處,役民二十餘萬塞之。

二十五年,汴梁路陽武縣諸處河決二十二所,漂蕩麥禾房舍,委
宣慰司督本路差夫修治。

成宗

大德元年,秋七月,河決杞縣蒲口,塞之。明年,蒲口復決,塞河
之役無歲無之。是後水北入,復河故道。

二年,秋七月,大雨,河決,漂歸德屬縣田廬禾稼。

三年五月,河南省言河決蒲口兒等處,侵歸德府數郡,百姓
被災。

武宗

至大二年,秋七月,河決歸德,又決封丘。

仁宗

延祐七年七月,汴城路言榮澤縣六月十一日河決塔海莊東堤十步餘,橫隄兩重又決數處。二十三日夜,開封縣蘇村及七里寺復決二處。

泰定帝

泰定二年五月,河溢汴梁。

三年,河決陽武,漂民居萬六千五百餘家,尋復壞汴梁樂利隄,發丁夫六萬四千人築之。

文宗

至順元年六月,曹州濟陰縣河防官言六月五日魏家道口黃河舊堤將決,不可修築,募民修護水月堤。復於近北築月堤,未竟。至二十一日,水忽泛溢,新舊三堤一時咸決。明日,外堤復壞,有蛇時出沒於中,所下椿土一掃無遺。

順帝

至正四年,夏五月,大雨二十餘日,黃河暴溢,水平地深二丈許,北決白茅隄。六月,又北決金隄,並河郡邑濟寧、軍州虞城、碭山、金鄉、魚臺、豐、沛、定、陶、楚丘、武城,以至曹州、東明、鉅野、鄆城、嘉祥、汶上、任城等處,皆罹水患。民老弱昏墊,壯者流離四方,水勢北侵安山,沿入會通運河,延袤濟南、河間,將壞兩漕司塩塲。

五年,河決濟陰,漂官民廬舍殆盡。

六年,是歲河決。

二十六年,春二月,黃河北徙。先是,河決小疏口,達于清河,壞民居,傷禾稼。至是復北徙,自東明、曹、濮下及濟寧,民皆被害。

國朝

洪武二十四年，河決原武之黑陽山，東經開封城北五里，又南行至項城，經潁州潁上，東至壽州正陽鎮，全入于淮，而故道遂淤。

永樂九年，復疏入故道。

正統十三年，又決滎陽，東過開封城之西南，自是汴城在河之北矣。又東南經陳留，自亳入渦口，又經蒙城至懷遠東北，而入淮焉。

天順六年，河溢，決開封城北門，漂毀官民軍舍。

弘治二年，河徙汴城東北，過沁水，溢流爲二：一自祥符于家莊，經蘭陽歸德，至徐邳入于淮；一自荊隆口黃陵岡，經曹、濮達張秋，所至壞民田廬。

六年夏，雨漲，遂決張秋東岸，并汶水奔注于海，運道淤涸。

正德四年九月，河決曹縣楊家口，長四百五十丈，水深三丈，奔流曹、單二縣，達古蹟王子河，直抵豐、沛，舟楫通行，遂成大河。

五年二月，起工修治。至五月中，雨漲，埽臺衝蕩，不克完合。

八年七月，河決曹縣以西娘娘廟口、孫家口二處，從曹縣城北東行，而曹、單居民被害益甚。本年四月二十四日，驟雨，漲娘娘廟口以北五里，焦家口衝決。曹、單以北，城武以南，居民田廬盡被漂没。

附録

黃河故道

古自陽武北、新鄉西南入境，東北經延津、汲、胙城，至北直隷濬縣大伾山北入海[二]，即《禹貢》導河東過洛、汭至於大伾處。地志[三]："魏郡鄴縣有故大河，在東北，直達于海。"疑即禹之故河也。周定王五年河徙，則非禹之所穿。漢文帝十二年，河決酸棗東南，流經封丘，入北直隸長垣縣，至山東東昌府濮州張秋入海。五代至宋，兩決鄭州及原武東南、陽武，南流經封丘于家店、祥符金龍口、陳橋，北經蘭陽、儀封，入山東曹縣境，分爲二派：其一東南流，至徐州入泗；其一東北流，合會通河。

國朝洪武七年至十八年、二十四年，陽武、原武、祥符凡四度潄没護城堤，又決陽武西南，東南流經封丘陡門、祥符東南草店村，經府城北五里，東過焦橋，南過蘇村，至通許西南分九道，名九龍口。又南至扶溝、太康、陳、項城諸州縣境，入南直隸太和縣合淮。正統十三年，河溢，仍循陽武故道直抵張秋入海，今皆淤平地。其自滎陽縣築堤，至千乘海口千餘里，名金堤。自河内北至黎陽爲石隄，激使東抵東郡爲平剛，西北抵黎陽觀下，東北抵東郡津北，西北至魏郡昭陽。又自汲縣築隄，東接胙城，抵直隸滑縣界，西接新鄉獲嘉縣界，東南接延津縣界，名護河隄。在滎陽縣東南二十里中牟縣東北境，名官渡，即曹操與袁紹分兵相拒處，築城築臺，皆名官渡。在汲縣東南境，名延津，置關亦名延津，又置關名金隄。在新鄉南境有八柳渡，皆因河徙而廢。

國朝于祥符置河清巡檢司，清河、大梁、陳橋三驛，陳橋遞運所。封丘縣置中灤巡檢司，中灤、新莊二驛。儀封縣置大岡驛、大岡遞運所。通許縣置雙溝驛。太康縣置義安驛、長嶺遞運所。扶溝縣置崔橋驛。陳州置宛丘驛、淮陽遞運所。項城縣置武丘驛。皆因河徙而革。

黃陵岡口塞於弘治乙卯，築三巨壩而防護之，逼水南行，運道無虞矣。正德癸酉，巨浪橫奔，頭壩、二壩俱打在河南，止存三壩，暴水湧衝，壩去十分之八。總理副都御史保定劉公齋沐致祭，退百二十步。事聞朝廷，天子遣劉公諭祭謝焉。今正德丙子又北侵，水至大堤，欽差總理河道工部右侍郎兼都察院左僉都御史安福趙公同漳於季春沐浴齋戒，以祭河神。季夏水發，漳又潔己而祭，遂遠退八里。曹、濮等處兵備兼理河道新安吳漳書。

王氏炎曰："周定五年河徙，已非禹之故道。漢元光三年，河徙東郡，更注渤海，繼決于瓠子，又決于魏之舘陶，遂分爲屯氏河。大河在西，屯河在東，二河相並而行。元帝永光中，又決于清河靈鳴犢口，則河水分流，入于博州，屯河始壅塞不通。後二年，又決於平原，則東入濟入青以達于海，而下流與漯爲一。王莽時，河遂行漯川；大河不行於大伾之北，而遂行於相魏之南。則山澤在河之瀕者，支川與河之相貫者，悉皆易位而與《禹貢》不合矣。"

方氏曰："建紹後，黃河決入鉅野，溢于泗，以入于淮者，謂之南清河。由汶合濟，至滄州以入海者，謂之北清河。是時，淮僅受河之半。金之亡也，河自開封北衛州決而入渦河，以入淮。一淮水獨受大黃河之全，以輸之海。濟水之絶于王莽時者，今其原出河北溫縣，猶經枯黃河中以入汶，而後趨海，清濟貫濁，河遂成虛論矣。"

新安陳氏曰："方氏得於身經目覩，與諸家據紙上而説者不同。合程王説而參觀之，可見古今河道之大不同。又因方説而後濟水之入河，復溢出於河者，顯然可見矣。"

校勘記：

〔一〕"成"，原書作"城"，據《宋史·河渠志》改。

〔二〕"大"，原書作"太"，誤。

〔三〕"地志"，原書作"地至"，據《漕運通志》改。

治河通考卷之三

議河治河考

陶唐氏

導河積石,至于龍門。南至于華陰,東至于底柱。又東至于孟津,東過洛、汭,至于大伾。北過洚水,至于大陸。又北播爲九河,同爲逆河,入于海。

禹抑鴻水十三年,過家不入門。陸行載車,水行載舟,泥行蹈毳,山行即橋,以別九州。随山濬川,任土作貢。通九道,陂九澤,度九山,然河菑衍溢中國也尤甚,唯是爲務。故導河自積石,歷龍門,南到華陰,東下底柱,及孟津、雒汭,至於大伾,於是禹以爲河所從來者高,水湍悍,難以平地,數爲敗,乃廝二渠以引其河。北載之高地,過洚水,至於大陸,播爲九河,同爲逆河,入於渤海。九州既疏,九澤既灑,諸夏乂安,功施於三代。

漢

文帝

十二年，冬十一月，河決酸棗，東潰金隄，興卒塞之。

武帝

元光三年春，河決濮陽瓠子，天子使汲黯、鄭當時發卒十萬塞之，輒復壞。是時，分田蚡奉邑食鄃，居河北，河決而南，則鄃無水災，邑多收。蚡言於上曰："江河之決，皆天事，未易以人力強塞。"望氣者亦以爲然，於是久不塞。

元封二年夏，帝臨塞決河，築宣防宮。初，河決瓠子二十餘歲，不塞，梁楚尤被其害，是歲發卒數萬人塞之。帝自封禪太山還，自臨決河，沉白馬、玉璧，令群臣負薪卒填決河，築宮其上，名曰宣防。導河北二渠，復禹舊迹。時武帝方事匈奴，興功利，齊人延年上書言：河出崑崙，經中國，注渤海，是地勢西北高而東南下也。可案圖書，觀地形，令水工準高下開大河，上領出之胡中，東注之海。如此，關東長無水災，北邊不憂匈奴，可以省隄防、備塞、士卒轉輸、胡寇侵盜、覆軍殺將、暴骨原野之患。此功一成，萬世大利。書奏，帝壯之，報曰："延年計議甚深。然河迺大禹之所導也。聖人作事爲萬世功，通於神明，恐難改更。"

桓譚《新語》曰：大司馬張仲義曰："河水濁，一石水，六斗泥，而民競決河漑田，令河不通利。至三月，桃花水至則決，以其噎不泄也。可禁民勿復引河。"

成帝

建始四年，先是清河都尉馮逡奏言："郡承河上流，土壤輕脆易傷〔一〕，頃所以闊無大害者，以屯氏河通兩川分流也。今屯氏河塞靈鳴犢口，又益不利，獨一川兼受數河之任。雖高增隄防，終不能泄。如有霖雨旬日不霽，必盈溢。九河今既難明，屯氏河絕未久，其處易浚。又其口所居高，於分殺水力，道理便宜，可復浚，以助大河泄暴水，備非常。不豫修治，北決病四五郡，南決病十餘郡，然後憂之，晚矣！”事下丞相、御史，以爲方用度不足，可且勿浚。至是大雨水十餘日，河果大決東郡金隄。

成帝時，河決潰金隄，凡灌四郡，杜欽薦王延世爲河隄使者。延世以竹落長四丈，大九圍，盛以小石，兩船夾載而下之，三十六日隄成。改元河平。

鴻嘉四年，楊焉言：“從河上下，患底柱隘，可鐫廣之。”上從其言，使焉鐫之。鐫之裁没水中，不能去，而令水益湍怒，爲害甚於故。是歲，渤海、清河、信都河水溢溢，灌縣邑三十一，敗官亭民舍四萬餘所。河隄都尉許商與丞相史孫禁共行視，圖方略。禁以爲：“今河溢之害數倍於前決平原時。今可決平原金隄間〔二〕，開通大河，令入故篤馬河。至海五百餘里，水道浚利，又乾三郡水地，得美田且二十餘萬頃，足以償所開傷民田廬處，又省吏卒治隄救水歲三萬人以上。”許商以爲：“古説九河之名，有徒駭、胡蘇、鬲津，今見在成平、東光、鬲界中。自鬲以北至徒駭間相去二百餘里。今河雖數移徙，不離此域。孫禁所欲開者，在九河南篤馬河，失水之迹，處勢平夷，旱則淤絕，水則爲敗，不可許。”公卿皆從商言。先是，谷永以爲：“河，中國之經瀆，聖王興則出圖書，王道廢則竭絕。今潰溢橫流，漂没陵阜，異之大者也。修政以應之，災變自除。”是時，李尋、解光亦言：“陰氣盛則水爲之長。故一日之間，晝减夜增，江河滿溢。所謂水不潤下，雖常於卑下之地，猶日月變見於朔望。明天道有因而作也。衆庶見王延世蒙重賞，競言便巧，不可用。議者常欲求索九河故迹而穿之，今因其自決，河且勿塞，以觀水勢。河欲居之，當稍自成川，挑出沙土，然後順天心而圖之，必有成功，而用財力寡。”於是遂止不塞。滿昌、師丹等數言百姓可哀，上數遣使者處業賑贍之。

哀帝初，平當奏言：“九河今皆寘滅，按經義治水，有決河深川而無隄防壅塞之文。河從汲郡以東，北多溢決，水迹難以分明。四海之衆不可誣，宜博求能浚川疏河者。”下丞相孔光、大司空何武，奏請部刺史、三河、弘農太守舉吏民能者，莫有應書。待詔賈讓言：“治河有上、中、下策。古者立國居民，彊理土地必遺川澤之分，度水勢所不及。大川無防，小水得入〔三〕，陂障卑下，以爲汙澤〔四〕，使秋水多〔五〕，得有所休息，左右游波，寬緩而不迫。夫土之有川，猶人之有口也。治土而防其川，猶止兒啼而塞其口，豈不遽止，然其死可立而待也。故曰：善爲川者，決之使道；善爲民者，宣之使言。蓋隄防之作，近起戰國，壅防百川，各以自利。齊與趙、魏以河爲境。趙、魏瀕山，齊地卑下，作隄去河二十五里。河水東抵齊隄，則西而泛趙、魏。趙、魏亦爲隄，去河二十五里。雖非其正，水尚有所遊盪。時至而去，則填淤肥美，民耕田之。或久無害，稍築室宅，遂成聚落。大水時至漂没，則更起隄防以自救，稍去其城郭，排水澤而居之。湛溺固其宜也。今隄防陿者去水數百步，遠者數里。近黎陽南故大金隄，從河西西北行，至西山南頭，迺折東，與山相屬。民居金隄東，爲廬舍，住十餘歲更起隄，從東山南頭直南與故大隄會。又內黃界中有澤，方數十里，環之有隄，住十歲太守而賦民，民今起廬舍其中，此臣親所見者也。東郡白馬故大隄亦復數重，民皆居其間。從黎陽北盡魏界，故大隄去河遠者數十里，內亦數重，此皆前世所排也。河從內黃北至黎陽爲石隄〔六〕，激使東抵東郡平岡；又爲石隄，使西北抵黎陽、觀下；又爲石隄，使東北抵東郡津北；又爲石堤〔七〕，使西北抵魏郡昭陽；又爲石隄，激使東北。百餘里間，河再西三東，迫阸如此，不得安息。今行上策，徙冀州之民當水衝者，決黎陽遮害亭，放河使北入海。河西薄大山，東薄金隄，勢不能遠泛濫，期月自定。難者將曰：“若如此，敗壞城郭田廬塚墓以萬數，百姓怨恨。”昔大禹治水，山陵當路者毀之，故鑿龍門，闢伊闕，析砥柱〔八〕，破碣石，墮斷天地之性。此乃人功所造，何足言也！今瀕河十郡治隄歲費且萬萬，及其大決，所殘無數。如出數年治河之費，以業所徙之民，遵古聖之法，定山川之位，使神人各處其所而不相奸。且以大漢方制萬里，豈其與水爭咫尺之地哉！此功一立，河定民安，千載無患，故謂之上策。若乃多穿漕渠，臣竊按視遮害亭西十八里，至淇水口，乃有金隄，高一丈。是自東，地稍下，隄高至遮害亭，高四五丈。往五六歲，河水大盛，增丈七尺，壞黎陽南郭門，入隄下。水未踰隄二尺所，從隄上北望，河高出門，百姓皆走上山。水流十三日，隄潰，吏民塞之。臣循隄上行視水勢，南七十餘里，至淇口，水適至隄半，計出地上五尺所。今可從淇口以東爲石隄〔九〕，多漲水門。初元中，遮害亭下河去堤足數十步〔一〇〕，至今四十餘歲，適至隄足。由是言之，其地堅矣。恐議者疑河大川難禁制，滎陽漕渠足以止之，其水門但用木與土耳。今據堅地作石隄，勢必完安。冀州渠首盡當仰此水門。治渠非穿地也，但爲東方一隄，北行三百餘里，入漳水，其西因山足地高，諸渠皆往往股引取之。旱則開東方下水門溉冀州，水則開西方高門分河流。通渠有三利，不通有三害。民常罷於救水，半失作業，此一害也；水行地上，湊潤上徹，民則病濕氣，木皆立枯，鹵不生穀，此二害也；決溢有敗，爲魚鱉食，此三害也。若有渠溉，則塩鹵下濕，填淤加肥，此一利也；故種禾麥，更爲秔稻，高田五倍，下田十倍，此二利也；

轉漕舟船之便，此三利也。今瀕河隄吏卒，郡數千人，伐買薪石之費歲數千萬，足以通渠成水門。又民利其灌溉，相率治渠，雖勞不罷。民田適治，河隄亦成，此誠富國安民，興利除害，支數百歲，故謂之中策。若繕完故隄，增卑倍薄，而勞費無已，數逢其害，此最下策也。"

丘公《大學衍義補》曰："古今言治河者，盖未有出賈讓此三策者。"

平帝

元始四年，又徵能治河者以百數，其大略異者，長水校尉關並言："河決率常於平原、東郡左右，其地形本下，水勢惡。聞禹治河時本空此地，秦漢以來河決不過百八十里，可空此地，勿以爲官亭民室。"御史韓牧以爲：可略於《禹貢》九河處穿之，但爲四五，宜有益。大司空椽王橫言："河入渤海，地高於韓牧所欲穿處。往者海溢，西南出，浸數百里，九河之地已爲海所漸矣。禹之行河水，本從西山下東北去。《周譜》云：定王五年河徙，今則所行非禹之穿也。又秦攻魏，決河灌之，決處遂大，不可復補，宜更開空，使緣西山足，乘高地而東北入海，乃無水災。"司椽桓譚與其議，爲甄豐言："凡此數者，必有一是。宜詳考驗，皆可豫見，計定然後舉事，費不過數億萬，亦可以事諸浮食無產業民，衣食縣官而爲之，作乃兩便。"時莽但崇空語，無施行者。

丘公《大學衍義補》曰："西漢一代，治河之策盡見於此，大約不過數説。或築隄以塞之，或開渠以疏之，或作竹落而下以石，或聽其自決以殺其勢，或欲徙民居放河入海，或欲穿水門以殺其勢，或欲空河流所注之地，或欲尋九河故道。桓譚謂數説必有一是，詳加考驗，豫見計定，然後舉事。以今觀之，今古言河者，皆莫出賈讓三策。其所以治之之法，又莫出元賈魯疏、濬、塞之三法焉。"

明帝

永平十四年，夏四月，修汴渠堤。初，平帝時，河汴決壞，久而不修。建武十年，光武欲修之，浚儀令樂俊上言："民新被兵革，未宜興役。"乃止。其後汴渠東浸，日月彌廣，兗豫百姓怨嘆。會有薦樂浪王景能治水者，帝問水形便，景陳利害，應對敏捷，帝甚善之，乃賜《山海》《渠書》《禹貢圖》及以錢帛。發卒數十萬，詔景與將作謁者王吳治渠防，築隄修堨，起自滎陽，東至千乘海口，千有餘里。景乃商度地勢，鑿山開澗，陽過衡要，疏決壅積，十里一水門，令更相廻注，無復潰漏之患。明年，渠成，帝親隨巡行，詔濱河郡國，置河堤員吏，如西京舊制。由是顯名，王吳及諸從事者皆增秩一等。順帝陽嘉中，石門又自汴河口以東，緣河積石爲堰，通淮口金隄。靈帝建寧中，又增修石門，以遏渠口，水盛則通注，津耗則輟流。濟水東經滎瀆，注瀆水，受河水，有石門，謂之爲滎口石門。門南則際河，有故碑，云："惟陽嘉三年二月丁丑，使河隄謁者王誨疏達河川，述荒庶土。云大河衝塞，侵齧金隄，以竹籠、石葺、葦土而爲遏，壞隤無已，功消億萬，請以濱河郡徒疏山采石，壘爲障。功業既就，徭役用息。詔書許誨立功府鄉，規基經始，詔策加命，遷在沂州。乃簡朱軒，授使司馬登，令續茂前緒，稱遂休功。登以伊、洛合注大河，南則緣山，東過大伾，回流北岸，其勢巀嶭濤怒，湍急激疾，一有決溢，彌原漫野。蟻孔之變，害起不測，蓋自姬氏之所常感，昔崇鯀所不能治，我二宗之所劬勞。於是乃跋涉躬親，經之營之。比率百姓共之于山，伐石三谷，水匠致治，立激岸側，以扞鴻波。慶賜說以勸之，川無滯越，水上通演。役未踰年，工程有畢。斯乃元勳之嘉課，上德之弘表也。昔禹修九道，《書》錄其功；后稷躬稼，《詩》列于《雅》。夫不憚勞謙之勤，夙興厥職，充國惠民，亦得湮没而不章焉。故遂刊石記功，垂示于後。"

唐

玄宗

開元十六年，以宇文融充九河使。融請用《禹貢》九河故道開稻田，并回易陸運，錢官收其利，興役不息，事多不就。

後唐

天成四年十二月庚申，修治河北岸，宣差左衛上將軍李承約祭之。張敬詢爲滑州節度使，長興初，敬詢以河水連年溢，乃自酸棗縣界至濮州廣隄防一丈五尺，東西二百里。

晋

天福七年三月己未，梁州節度使安彦威奏到滑州修河堤。時以瓠子河漲溢，詔彦威督諸道運民，自豕韋之北築堰數十里。給私財以犒民，民無散者，竟止其害，鄆、漕、濮賴之。以功加邠國公，詔於河決之地建碑立廟。

漢

乾祐二年，有補闕盧振上言："臣伏見汴河堤兩岸堤堰不牢，每年潰決，正當農時，勞民功役。以臣愚管，沿汴水有故河道，陂澤處置立斗門，水漲溢時以分其勢，即澇歲無漂沒之患，旱年獲澆溉之饒，庶幾編甿差免勞役。"

周

顯德元年，周遣使分塞决河。

二年，周疏汴水。汴水自唐末潰决，自通橋東南悉爲汙澤。世宗謀擊唐，先命發民夫因故堤疏導之，東至泗上。議者皆以爲難成。世宗曰："數年之後，必獲其利。"

三年二月，周主行視水寨，至汴橋，自取一石，馬上持之，至寨以供碾。從官過橋者，人取一石。

四年，周疏汴水入五丈河，自是齊魯舟楫皆達於大梁。

五年，周汴渠成。浚汴口，導河流，達於淮，於是江淮舟楫始通。

校勘記：

〔一〕"土壤"，原書作"上壤"，據《漢書·溝洫志》改。

〔二〕"可"，原書作"河"，據《漢書·溝洫志》改。

〔三〕"小"，原書作"水"據《漢書·溝洫志》改。

〔四〕"汙"，原書作"行"，據《漢書·溝洫志》改。

〔五〕"多"，原書無，據《漢書·溝洫志》補。

〔六〕"陽"，原書無，據《漢書·溝洫志》補。

〔七〕"堤"，原書作"抵"，據《漢書·溝洫志》改。

〔八〕"析"，原書作"折"，據《漢書·溝洫志》改。

〔九〕"可從"，原書作"從可"，於義不協，校點者據上下文乙正。

〔一〇〕"堤"，原書作"東"，據《漢書·溝洫志》改。

治河通考卷之四

議河治河考

宋

太祖

乾德二年，遣使案行，將治古隄。議者以舊河不可卒復，力役役且大，遂止，但詔民治遙隄，以禦衝注之患。其後赤河決東平之竹村，七州之地復罹水災。三年秋，大雨霖，開封府河決陽武。又孟州水漲，壞中潬橋，梁、澶、鄆亦言河決，詔發州兵治之。

四年八月，滑州河決，壞靈河縣大隄，詔殿前都指揮使韓重贇、馬步軍都軍頭王廷義等督士卒、丁夫數萬人治之，被泛者蠲其秋租。

乾德五年正月，帝以河隄屢決，分遣使行視，發畿甸丁夫繕治。自是歲以爲常，皆以正月首事，季春而畢。

開寶五年正月，詔曰："應緣黃、汴、清、御等河州縣，除準舊制種藝桑棗外，委長吏課民別樹榆柳及土地所宜之木。仍案戶籍高下定爲五等，第一等歲樹五十本，第二等以下遞減十本。民欲廣樹藝者聽，其孤、寡、惸、獨者免。"是月，澶州修河卒賜以錢、鞵，役夫給以茶。五月,河大決濮陽,又決陽武,詔發諸州兵及丁夫凡五萬人,遣穎州團練使曹翰護其役。翰辭,太祖謂曰:"霖雨不止,又聞河決。朕信宿以來,焚香上禱于天,若天災流行,願在朕躬,勿延于民也。"翰頓首,對曰:"昔宋景公諸侯耳,一發善言,災星退舍。今陛下憂及兆庶,懇禱如是,固當上感天心,必不爲災。"六月,下詔曰:"近者澶、濮等數州,霖雨荐降,洪河爲患。朕以屢經決溢,重困黎元,每閱前書,詳究經瀆。至若夏后所載,但言導河至海,隨山濬川,未聞力制湍流,廣營高岸。自戰國專利,湮塞故道,小以妨大,私而害公,九河之制遂隳,歷代之患弗弭。凡縉紳多士、草澤之倫,有素習河渠之書,深知疏導之策,若有經久,可免重勞,並許詣闕上書,附驛條奏。朕當親覽,用其所長,勉副詢求,當示甄獎。"時東魯逸人田吉著纂《禹元經》十二篇,帝閱之,詔至闕下,詢以治水之道,善其言,將授以官,以親老固辭歸養,從之。翰至河上,親督工徒,未幾決河皆塞。

太宗

太平興國二年,秋七月,河決孟州之溫縣、鄭州之滎澤、澶州之頓丘,皆發緣河諸州丁夫塞之。視隄岸之缺,亟繕治之。民被水災者,悉蠲其租。

八年五月,河大決,詔發丁夫塞之。隄久不成,乃命使者按視遙隄舊址。使者條奏,以爲治遙隄不如分水勢。自孟抵鄆,雖有隄防,唯滑與澶最爲隘狹。于此二州之地可立分水之制,宜于南北岸各開其一,北入王莽河以通于海,南入靈河以通于淮,節減暴流,一如汴口之法。其分水河,量其遠近,作爲斗門,啓閉隨時,務乎均濟。通舟運,溉農田,此富庶之資也。不報。

九年春,滑州復言房村河決。帝曰:"近以河決韓村,發民治隄不成,安可重困吾民?當以諸軍作之。"乃發卒五萬,以侍衛步軍都指揮使田重進領其役。

淳化四年十月,河決澶州。是歲,巡河供奉官梁睿上言:"滑州土脉疏,岸善潰,每歲河決南岸,害民田。請于迎陽鑿渠引水,凡四十里,至黎陽合大河,以防暴漲。"帝許之。

五年正月,滑州言新渠成,帝又案圖,命昭宣使羅州刺史杜彦鈞率兵夫,計功十七萬,鑿河開渠。自韓村至州西鐵狗廟,九十五餘里,復合于河,以分水勢。

真宗

咸平三年五月,始,赤河決,擁濟、泗,鄆州城中常苦水患。至是,霖雨彌月,積潦益甚,乃遣工部郎中陳若拙經度徙城。若拙請徙于東南十五里陽卿之高原,詔可。

大中祥符三年,著作佐郎李垂上《導河形勝書》三篇并圖,其略曰:臣請自汲郡東推禹故道,挾御河,較其水勢,出大伾、上陽、太行三山之間,復西河故瀆,北注大名西、舘陶東南,北合赤河而至于海。因于魏縣北析一渠,正北稍西迤衡瀆直北,下出邢、洺,如《夏書》過洚水,稍東注易水,合百濟,會朝河而至于海。大伾而下,黃、御混流,薄山障隄,勢不能遠。如是則載之高地而北行,百姓獲利而契丹不能南侵。《禹貢》所謂"夾右碣石入于河",孔安國曰:"河逆上此州界。"其始作自大伾西八十里,曹公所開運渠東五里,引河水正北稍東十里,破伯禹古隄,迤牧馬陂,從禹故道,又東三十里轉大伾西、通利軍北,挾白溝,復回大河,北迤清豐、大名西,歷洹水魏縣東,暨舘陶南,入屯氏故瀆,合赤河而北至于海。既而自大伾西新發故瀆西岸析一渠,正北稍西五里,廣深與汴等,合御河道,逼大伾北,即堅壤析一渠,東西二十里,廣與汴河等,復東大河。兩渠分流,則三四分水,猶得注澶淵舊渠矣。大都河水從西大河故瀆東北,合赤河而達于海，然後于魏縣北發御河西岸折一渠，正北稍西六十里，廣深與御河等，合衡漳水[一]。又冀州北界、深州西南三十里決衡漳西岸[二]，限水爲門，西北注滹沱，潦則塞之，使東漸勃海；旱則決之，使西灌屯田。此中國禦邊之利也。兩漢而下，言水利者，屢欲求九河故道而疏之。今考圖志，九河並在平原而北，且河壞澶、滑，未至平原而上已決矣，則九河奚利哉？漢武捨大伾之故道，發頓丘之暴衝。則濫兗泛齊，流患中上，使河朔平田，膏腴千里，縱容邊寇，劫掠其間。今大河盡東，全燕陷北，而禦邊之計莫大于河。不然，則趙魏百城，富庶萬億，所謂誨盜而招寇矣。一日伺我饑饉，乘虛入寇，臨時用計者實難，不如因人足財豐之時成之爲易。詔樞密直學士任中正、龍圖閣直學士陳彭年、知制誥王曾詳定。中正等上言："詳垂所述，頗爲周悉。所言起滑臺而下，派之爲六，則緣流就下，湍急難制，恐水勢聚而爲一，不能各依所導。設或必成六派，則是更增六處爲口，悠久難于隄防。亦慮入滹沱、漳河，漸至二水淤塞，益爲民患。又築隄七百里，役夫二十一萬七千，工至四十日，侵占民田，頗爲煩費。"其議遂寢。

七年，詔罷葺遥堤，以養民力。八月，河決澶州大吳埽，役徒數千，築新堤，亘二百四十步，水乃順道。

八年，京西轉運使陳堯佐議開滑州小河，分水勢，遣使視利害以聞。及還，請規度自三迎楊村北治之，復開汊河于上游，以泄其壅溢。詔可。

天禧三年六月乙未，夜，滑州河溢，歷澶、濮、曹、鄆，東入于淮，即遣使賦諸州薪石[三]、楗橛、芟竹之數千六百萬，發兵夫九萬人治之。

四年二月，河塞，群臣入賀，上親爲文，刻石紀功。是年，祠部員

外郎李垂又言疏河利害，命垂至大名府、滑、衛、德、貝州〔四〕、通利軍
與長吏計度。垂上言：'臣所至，並稱黃河水入王莽沙河〔五〕，與西河
故瀆，注金、赤河，必慮水勢浩大，蕩盡民田，難于隄備。臣亦以爲河
水所經，不爲無害。今者決河而南，爲害既多，而又陽武埽東、石堰
埽西，地形汙下，東河泄水又艱。或者云：今決處槽底坑深，舊渠逆
上，若塞之，旁必復壞。如是，則議塞河者誠以爲難。若決河而北，
爲害雖少，一旦河水注御河，蕩易水，逕乾寧軍，入獨流口，遂及契丹
之境。或者云：因此搖動邊鄙。如是，則議疏河者又益爲難。臣于
兩難之間，輒畫一計：請自上流引北載之高地，東至大伾，瀉復于澶
淵舊道，使南不至滑州，北不出通利軍界。何以計之？臣請自衛州
東界曹公所開運渠東五里，河北岸凸處，就岸實土堅引之，正北稍東
十三里。破伯禹古隄，注裴家潭，逕牧馬陂，又正東稍北四十里，鑿
大伾西山，釃爲二渠：一逼大伾南足，決古隄正東八里，復澶淵舊道；
一逼通利軍城北曲河口，至大禹所導西河故瀆，正北稍東五里，開南
北大隄，又東七里，入澶淵舊道，與南渠合。夫如是，則北載之高地，
大伾二山雁股之間分酌其勢，浚瀉兩渠，匯注東北，不遠三十里，復
合於澶淵舊道，而滑州不治自涸矣。臣請以兵夫二萬，自來歲二月
興作，除三伏半功外，至十月而成，其均厚埤薄，俟次年可也。疏奏，
朝議慮其煩擾，罷之。初，滑州以天臺決口，去水稍遠，聊興葺之，及
西南隄成，乃於天臺口旁築月隄。六月望，河復決天臺下，走衛南、
浮徐濟，害如三年而益甚。帝以新經賦率，慮殫困民力，即詔京東
西、河北路經水災州軍，勿復科調丁夫，其守扞隄防役兵，仍令長吏
存恤而番休之。

　　五年正月，知滑州陳堯佐以西北水壞城，無外禦，築大隄，又疊
埽于城北，護州中居民。復就鑿橫木，下垂木數條，置水旁以護岸，

謂之木龍，當時賴焉。復並舊河，開枝流以分導水勢，有詔嘉獎。説者以黃河随時漲落，故舉物候爲水勢之名：自立春之後，東風解凍，河邊人候水，初至凡一寸，則夏秋當至一尺，頗爲信驗，故謂之信水。二月、三月，桃花始開，冰泮雨積，川流猥集，波瀾盛長，謂之桃花水。春末蕪菁華開，謂之菜華水。四月末，壠麥結秀，擢芒變色，謂之麥黃水。五月，瓜實延蔓，謂之苽蔓水。朔野之地，深山窮谷，固陰洹寒，冰堅晚泮，逮乎盛夏，消釋方盡，而沃蕩山石，水帶礬腥，併流于河，故六月中旬後謂之礬山水。七月，菽豆方秀，謂之豆華水。八月，荻薍華，謂之荻苗水。九月，以重陽紀節，謂之登高水。十月，水落安流，復其故道，謂之復槽水。十一月、十二月，斷冰雜流，乘寒復結，謂之蹙凌水。水信有常，率以爲準，非時暴漲，謂之客水。其水勢凡移徙橫注，岸如刺毁，謂之劄岸。漲溢踰防，謂之抹岸。埽岸故朽，潛流漱其下，謂之塌岸。浪勢旋激，岸土上隤，謂之淪捲。水侵岸逆漲，謂之上展，順漲，謂之下展。或水乍落，直流之中忽屈曲橫射，謂之經舟。水猛驟移，其將澄處望之明白，謂之拽白，亦謂之明灘。湍怒略渟，勢稍汩起，行舟值之多溺，謂之薦浪水。水退淤澱，夏則膠土肥腴，初秋則黃滅土，頗爲疏壤；深秋則白滅土，霜降後皆沙也。舊制，歲虞河決，有司常以孟秋預調塞之物，稍芟、薪柴、楗橛、竹石、茭索、竹索凡千餘萬，謂之春料。詔下瀕河諸州所產之地，仍遣使會河渠官吏，乘農隙率丁夫水工收采備用，凡伐蘆荻謂之芟，伐山木榆柳枝葉謂之稍，瓣竹糾芟爲索，以竹爲巨索，長十尺至百尺，有數等。先擇寬平之所爲埽塲，埽之制密布芟索。鋪稍，稍芟相重，壓之以土，雜以碎石，以巨竹索橫貫其中，謂之心索。卷而束之，復以大芟索繫其兩端，別以竹索自内旁出，其高至數丈，其長倍之，凡用丁夫數百或千人，雜唱齊挽，積置于卑薄之處，謂之埽岸。既下,以摵枲闔之,復以長木貫之,其竹索皆埋巨木于岸以維之,遇河之橫決,則復增之以補其缺。凡埽下非積數疊,亦不能遏其迅湍。又有馬頭、鋸牙、木岸者,以蠻水勢護隄焉。凡緣河諸州,孟州有河南北凡二埽,開封府有陽武埽,滑州有韓房二村、憑管、石堰、州西、魚池、迎陽凡七埽。舊制七里曲埽,後廢。通利軍有齊賈、蘇村凡二埽,澶州有濮陽、大韓、大吳、商胡、王楚、橫隴、曹村、依仁、大北、岡孫、陳固、明公、王八凡十三埽,大名府有孫杜、侯村二埽,濮州有任村東、東、西、北凡四埽,鄆州有博陵、張秋、關山、子路、王陵、竹口凡六埽,齊州有采金山、史家渦二埽,濱州有平河、安定二埽,棣州有聶家、梭堤、鋸牙、陽城四埽,所費皆有司歲計而無闕焉。

仁宗

天聖元年,以滑州決河未塞,詔募京東、河北、陝西、淮南民輸薪芻,調兵伐瀕河榆柳,賙溺死之家。

二年,遣使詣滑、衛,行視河勢。

五年,發丁夫三萬八千、卒二萬一千、緡錢五十萬塞決河。十二月,潴魚池歸減水河。

八年,始詔河北轉運司計塞河之備,良山令陳曜請疏鄆、滑界麇丘河以分水勢,遂遣使行視遙隄。慶曆元年,詔權停修決河,自此久不復塞,而議開分水河以殺其暴。未興工而河流自分,有司以聞,遣使特祠之。三月,命築隄于澶,以扞城。

至和元年,遣使行度故道,且詣銅城鎮海口,約古道高下之勢。

二年,翰林學士歐陽修奏疏曰:"朝廷欲俟秋興大役,塞商胡,開橫隴,回大河於古道。夫動大衆必順天時、量人力,謀於其始而審於其終,然後必行,計其所利者多,乃可無悔。比年以來,興役動衆,勞民費財,不精謀慮于厥初,輕信利害之偏說,舉事之始既已蒼皇,群議一搖尋復悔罷,不敢遠引他事。且如決河商胡,是時執政之臣不慎計利,遽謀修塞,凡科配稍芟一千八百萬,騷動六路,一百餘軍州官吏催驅,急若星火,民庶愁苦盈於道塗。或物已輸官,或人方在路未及興役,尋以罷修。虛費民財,爲國歛怨,舉事輕銳,爲害若斯。今又聞復有修河之役,三十萬人之衆開一千餘里之長河,計其所用物力數倍往年。當此天災歲旱、民困國貧之際,不量人力,不順天時,知其有大不可者五:蓋自去秋至春半,天下苦旱,京東尤甚,河北次之。國家常務安靜振恤之,猶恐民起爲盜,況於兩路聚大衆、興大役乎?此其必不可者一也。河北自恩州用兵之後,繼以凶年,人户流亡,十失八九。數年以來,人稍歸服,然死亡之餘,所存者幾?瘡痍未歛,物力未完。又京東自去冬無雨雪,麥不生苗,踰暮春,粟未布種,農心焦勞,所向無望。若別路差夫,又遠者難爲赴役。一出諸路,則兩路力所不任。此其必不可者二也。往年議塞滑州決河,時公私之力未若今日之貧虛,然猶儲積物料[六],誘率民財,數年之間始能興役。今國用方乏,民力方疲,且合商胡塞大決之洪流,此一大役也;鑿橫隴,開久廢之故道,又一大役也;自橫隴至海千餘里,埽岸久已廢,頓須興緝,又一大役也。往年公私有力之時,興一大役尚須數年,今猝興三大役於旱災貧虛之際。此其必不可者三也。就令商胡可塞,故道未必可開。鯀障洪水,九年無功。禹得《洪範》五行之書,知水潤下之性,乃因水之流,疏而就下,水患乃息。然則以大禹之功不能障塞,但能因勢而疏決爾。今欲逆水之性,障而塞之,奪洪河之正流,使人力幹而回注,此大禹之所不能。此其必不可者四也。橫隴湮塞已二十年,商胡決又數歲,故道已平而難鑿,安流已久而難回。此其必不可者五也。臣伏思國家累歲災譴甚多,其於京東變異尤大。地貴安靜而有聲,巨嵎山摧,海水搖蕩,如此不止者僅十年,

天地警戒,宜不虛發。臣謂變異所起之方尤當過慮防懼,今乃欲於
凶艱之年聚三十萬之大衆於變異最大之方,臣恐災禍自玆而發也。
況京東赤地千里,饑饉之民正苦天災,又聞河役將動,往往伐桑毀
屋,無復生計,流亡盜賊之患不可不虞。宜速止罷,用安人心。"九
月,詔:"自商胡之決,大河注金堤[七],浸爲河北患[八]。其故道又以
河北、京東饑,故未興役。今河渠司李仲昌議欲納水入六塔河,使歸
橫隴舊河,舒一時之急。其令兩制至待制以上[九]、臺諫官與河渠司
同詳定。"修又上疏曰:"伏見學士院集議修河,未有定論,豈由賈昌
朝欲復故道,李仲昌請開六塔,互執一説,莫知孰是。臣愚,皆謂不
然。言故道者,未詳利害之原;述六塔者,近乎欺罔之謬。今謂故道
可復者,但見河北水患而欲還之京東。然不思天禧以來河水屢決之
因,所以未知故道有不可復之勢。臣故謂未詳利害之原也。若言六
塔之利者,則不待攻而自破矣。今六塔既已開,而恩、冀之患何爲尚
告奔騰之急? 此則減水未見其利也。又開六塔者,云可以全回大
河,使復橫隴故道。今六塔止是別河下流,已爲濱、棣、德、博之患,
若全回大河,顧其害如何? 此臣故謂近乎欺罔之謬也。且河本泥
沙,無不淤之理。淤常先下流,下流淤高,水行漸壅,乃決上流之低
處,此勢之常也。然避高就下,水之本性,故河流已棄之道自古難
復。臣不敢廣述河源,且以今所欲復之故道言天禧以來屢決之因。
初,天禧中,河出京東,水行於今所謂故道者。水既淤澀,乃決天臺
埽,尋塞而復故道。未幾又決于滑州南鐵狗廟,今所謂龍門埽者。
其後數年又塞而復故道,已而又決王楚埽,所決差小,與故道分流。
然而故道之水終以壅淤,故又于橫隴大決。是則決河非不能力塞,
故道非不能力復,所復不久終必決於上流者,由故道淤而水不能行
故也。及橫隴既決,水流就下,所以十餘年間河未爲患。至慶曆三、

四年,橫隴之水又自海口先淤,凡一百四十餘里。其後游、金、赤三
河相次又淤。下流既梗,乃決於上流之商胡口。然則京東、橫隴兩
河故道,皆下流淤塞河水已棄之高地。京東故道屢復屢決,理不可
復,不待言而易知也。昨議者度京東故道功料,但云銅城已上乃特
高爾,其東北銅城以上則稍低,比商胡以上則實高也。若云銅城以
東地勢斗下,則當日水流宜決銅城已上,何緣而頓淤橫隴之口,亦何
緣而大決也?然兩河故道既皆不可爲,則河北水患何爲而可去?臣
聞智者之於事有所不能,必則較其利害之輕重,擇其害少者而爲之。
猶愈害多而利少,何況有害而無利?此三者可較而擇也。又商胡初
決之時,欲議修塞,計用稍芟一千八百萬,科配六路一百餘州軍。今
欲塞者乃往年之商胡,則必用往年之物數。至于開鑿故道,張奎所
計工費甚大,其後李參減損,猶用三十萬人。然欲以五十步之狹,容
大河之水,此可笑者。又欲增一夫所開三尺之方倍爲六尺,且闊厚
三尺而長六尺,自一倍之功,在于人力已爲勞苦。云六尺之方,以開
方法筭之,乃八倍之功,此豈人力之所勝?是則前功既大而難興,後
功雖小而不實。大抵塞商胡、開故道,凡二夫役皆困國勞人,所舉如
此,而欲開難復屢決已驗之故道,使其虛費,而商胡不可塞,故道不
可復,此所謂有害而無利者也。就使幸而暫塞,以舒目前之患,而終
于上流必決,如龍門、橫隴之比,此所謂利少而害多也。若六塔者,
於大河有減水之名,而無減患之實。今下流所散爲患已多,若全回
大河以注之,則濱、棣、德、博,河北所仰之州,不勝其患,而又故道淤
澀,上流必有他決之虞,此直有害而無利耳,是皆智者之不爲也。今
若因水所在增治隄防,疏其下流,浚以入海,則可無決溢散漫之虞。
今河所歷數州之地誠爲患矣,隄防歲用之失誠爲勞矣。與其虛費天
下之財,虛舉大衆之役,而不能成功,終不免爲數州之患。勞歲用之

夫,則此所謂害少者,乃智者之所宜擇也。大約今河之勢,負三決之虞:復故道,上流必決;開六塔,上流亦決;河之下流,若不浚使入海,則上流亦決。臣請選知水利之臣,就其下流求入海路而浚之。不然,下流便澀,則終虞上決,爲患無涯。臣非知水者,但以今事可驗者較之耳。願下臣議,裁取其當焉。"預議官翰林學士承旨孫抃等言:"開故道誠久利,然功大難成。六塔下流,可導而東去,以紓恩、冀金隄之患。"十二月,中書上奏曰:"自商胡決,爲大名、恩、冀患。先議開銅城道,塞商胡,以功大難卒就,緩之,而憂金隄汎溢不能捍也。願備工費,因六塔水勢入橫隴,宜令河北、京東預完隄埽[一〇],上河水所居民田數。"詔下,中書奏:修又奏請罷六塔之役。時宰相富弼尤主仲昌議,疏奏亦不省。

嘉祐五年,都轉運使韓贄言:"四界首古大河所經,即《溝洫志》所謂'平原、金堤開通大河,入篤馬河,至海五百餘里'者也。自春以丁壯三千浚之,可一月而畢。支分河流入金、赤河,使其深六尺,爲利可必。商胡決河自魏至于恩、冀、乾寧入于海,今二股河自魏、恩東至于德、滄入于海,分爲二,則上流不壅,可以無決溢之患。"乃上四界首二股河圖。

劉敞上疏曰:"臣聞天有時、地有勢、民有力,乃者霖雨滔溢,山谷發泄,經川橫潰,或衝冒城郭,此天時也。澶、魏之埽如商胡者多矣,莫決,而商胡獨敗,此地勢也。淮、汝以西,關、陝以東,數千里之間罹於水憂者,甚則溺死,不甚則流亡。夫婦愁痛,無所控告,略計百萬人,未聞朝廷有以振業之也。而議空河,強疲病之餘以極其力,乘殘耗之後以略其財。重爲事而罰所不勝,急爲期而誅所不至。上則與天爭時,下則與地爭勢。此臣所謂過也。臣聞河之爲患於中國久矣,其在前代或塞或不塞。塞之爲仁,不塞不爲不仁,此有時而否者也。以堯爲君，以舜爲臣，以禹爲司空，十有三年而有僅能勝水患耳。今朝廷之無禹明矣，欲以數月之間塞決河，不權於時，不察於民，不亦甚乎？議者以爲不塞河則冀州之水可哀，甚不然。夫河未決之時，能使水病冀州則已矣。既決之後，縣邑則已役矣，人民則已亡矣，府庫則已喪矣，雖塞河不能有救也。今且縱水之所欲往而利導之，其不能救與彼同，而可以息民，何嫌而不爲？”

英宗

治平元年，始命都水監浚二股、五股河，以紓恩、冀之患。初，都水監言：“商胡堙塞，冀州界河淺，房家、武邑二埽由此潰，慮一旦大決，則甚於商胡之患。”乃遣判都水監張鞏、户部副使張燾等行視，遂興工役，卒塞之。

校勘記：

〔一〕“漳”，原書作“潭”，據《宋史·河渠志》改。

〔二〕“衡”，原書作“衝”，據《宋史·河渠志》改。

〔三〕“薪”，原書作“新”，據《宋史·河渠志》改。

〔四〕“貝”，原書作“具”，據《宋史·河渠志》改。

〔五〕“河”，原書作“黃”，據《宋史·河渠志》改。

〔六〕“儲”，原書作“除”，據《宋史·河渠志》改。

〔七〕“金”，原書作“食”，據《宋史·河渠志》改。

〔八〕“淺”，原書作“埽”，據《宋史·河渠志》改。

〔九〕補校：“待制”，原作“侍制”，形近而譌，今據上下文改。

〔一〇〕“完”，原書作“究”，據《宋史·河渠志》改。

治河通考卷之五

議河治河考

神宗

　　熙寧元年六月，河溢恩、冀、瀛等處，帝憂之，顧問近臣司馬光等。都水監丞李立之請於恩、冀、深、瀛等州，創生堤三百六十七里以禦河。而河北都轉運司言：“當用夫八萬三千餘人，役一月成。今方災傷，願徐之[一]。”都水監丞宋昌言謂：“今二股河門變移，請迎河湋進約[二]，簽入河身，以紓四州水患。”遂與屯田都監內侍程昉獻議開二股以導東流。於是都水監奏：“慶曆八年，商胡北流，于今二十餘年。自澶州下至乾寧軍，創堤千有餘里，公私勞擾。近歲冀州而下，河道梗澀，致上下埽岸屢危。今棄強抹岸，衝奪故道，雖創新堤，終非久計。願相六塔舊口，并二股河道使東流，徐塞北流。”而提舉河渠王亞等謂：“黃、御河帶北行入獨流東砦，經乾寧軍、滄州等八砦邊界，直入大海。其近大海口闊六七百步，深八九丈，三女砦以西闊三四百步，深五六丈。其勢愈深，其流愈猛，天所以限契丹。議者欲再開二股，漸閉北流，此乃未嘗覩黃河在界河內東流之利也。”十一月，詔翰林學士司馬光入內，內侍省副都知張茂則乘傳，相度四州生

堤，回日兼視六塔、二股利害。二年正月，光入對：“請如宋昌言策，
於二股之西置上約，擗水令東。俟東流漸深，北流淤淺，即塞北流，
放出御河、胡盧河，下紓恩、冀、深、瀛以西之患。”初，商胡決河自魏
之北，至恩、冀、乾寧入於海，是謂北流。嘉祐五年[三]，河流派于渭
之第六埽，遂爲二股：自魏[四]、恩東至德、滄入于海，是謂東流。時
議者多不同，李立之力主生堤，帝不聽，卒用昌言説，置上約。三月，
光奏：“治河當因地勢水形，若彊用人力，引使就高，橫立隄防，則逆
激旁潰，不惟無成，仍敗舊績。臣慮官吏見東流已及四分，急於見
功，遽塞北流。而不知二股分流，十里之内相去尚近，地勢復東高西
下。若河流併東，一遇盛漲，水勢西合入北流[五]，則東流遂絶。或
入滄、德堤埽未成之處，失溢橫流。雖除西路之患而害及東路，非策
也。宜專護上約及二股堤岸。若今歲東流止添二分，則此去河勢自
東，近者二三年，遠者四五年，候及八分以上，河流衝刷已闊，滄、德
堤埽已固，自然北流日減，可以閉塞，兩路俱無害矣。”會北京留守韓
琦言：“今歲兵夫數少，而金堤兩埽修上、下約甚急，深進馬頭，欲奪
大河。緣二股及嫩灘舊闊千一百步，是可以容漲水。今截去八百步
有餘，則將束大河於二百餘步之間，下流既壅，上流蹙遏湍怒，又無
兵夫修護堤岸，其衝決必矣。況自德至滄，皆二股下流，既無隄防，
必侵民田。設若河門束狹，不能容納漲水，上、下約隨流而脱，則二
股與北流爲一，其患愈大。又恩、深州所創生堤，其東則大河西來，
其西則西山諸水東注，腹背受水，兩難扞禦。望選近臣速至河所，與
在外官合議。”帝在經筵，以琦奏諭光，命同茂則再往。四月，光與張
鞏、李立之、宋昌言、張問、吕大防、程昉行視上約及方鋸牙，濟河，集
議於下約。光等奏：“二股河上約並在灘上，不礙河行。但所進方鋸
牙已深，致北流河門稍狹，乞減折二十步，令進後，仍作蛾眉埽裏

護〔六〕。其滄、德界有古遥堤,當加葺治。所修二股,本欲疏導河水東去,生堤本欲扞禦河水西來,相爲表裏,未可偏廢。"帝因謂二府曰:"韓琦頗疑修二股。"趙抃曰:"人多以六塔爲戒。"王安石曰:"異議者皆不考事實故也。"帝又謂:"程昉、宋昌言同修二股,如何?"安石以爲可治。帝曰:"欲作籤河,甚善。"安石曰:"誠然。若及時作之,往往河可東,北流可閉。"因言:"李立之所築生堤,去河遠者至八九十里,本欲以禦漫水而不可禦河南之向著,臣恐漫水亦不可禦也。"帝以爲然。五月丙寅,乃詔立之乘驛赴闕議之。六月戊申,命司馬光都大提舉修二股工役。呂公著言:"朝廷遣光相視董役,非所以襃崇近職待遇儒臣也。"乃罷光行。七月,二股河通快,北流稍自閉。戊子,張鞏奏:"上約累經泛漲,并下約各已無虞,東流勢漸順快,宜塞北流,除恩、冀、深、瀛、永靜、乾寧等州軍水患。又使御河、胡盧河下流各還故道,則漕運無遏壅,郵傳無滯流〔七〕,塘泊無淤淺。復於邊防大計,不失南北之限,歲減費不可勝數,亦使流移歸復,實無窮之利。且黄河所至,古今未嘗無患,較利害輕重而取舍之可也。惟是東流南北隄防未立,閉口修堤,工費甚夥,所當預備。望選習知河事者,與臣等講求,具圖以聞。"乃復詔光、茂則及都水監官、河北轉運使司相度閉塞北流利害,有所不同,各以議上。八月己亥,光入辭,言:"鞏等欲塞二股河北,臣恐勞費未易勝。幸而可塞,則東流淺狹,隄防未全,必致決溢,是移恩、冀、深、瀛之患於滄、德等州也。不若俟三二年,東流益深闊,隄防稍固,北流漸淺,薪芻有備,塞之便。"帝曰:"東流、北流之患孰輕重?"光曰:"兩地皆王民,無輕重。然北流已殘破,東流尚全。"帝曰:"今不俟東流順快而塞北流,他日河勢改移,奈何?"光曰:"上約固則東流日增,北流日減,何憂改移?若上約流失,其事不可知,惟當併力護上約耳。"帝曰:"上約安可保?"光曰："今歲創修,誠爲難保,然昨經大水而無虞,來歲地脚已牢,復何慮? 且上約居河之側,聽河北流,猶懼不保。今欲橫截使不行,庸可保乎?"帝曰："若河水常分二流,何時當有成功?"光曰："上約苟存,東流必增,北流必減,借使分爲二流,於張鞏等不見成功,於國家亦無所害,何則? 西北之水,併於山東,故爲害大,分則害小矣。鞏等亟於塞北流,皆爲身謀,不顧國力與民患也。"帝曰："防扞兩河,何以供億?"光曰："併爲一則勞費自倍,分二流則勞費減半。今減北流財力之半,以備東流,不亦可乎?"帝曰："卿等至彼視之。"時二股河東流及六分,鞏等因欲閉斷北流,帝意嚮之。光以爲須及八分乃可[八],仍待其自然,不可施功。王安石曰："光議事屢不合,今令視河,後必不從其議,是重使不安職也。"庚子,乃獨遣茂則奏:"二股河東傾已及八分,北流止二分。"張鞏等亦奏:"丙午,大河東徙,北流淺小。戊申,北流閉。"詔獎諭司馬光等,仍賜衣、帶、馬。時北流既塞,而河自其南四十里許家湊東決,泛濫大名、恩、德、滄、永靜五州軍境。三年二月,命茂則、鞏相度澶、滑州以下至東流河勢、隄防利害。時方濬御河,韓琦言:"事有緩急,工有後先,今御河漕運通駛,至未有害,不宜減大河之役。"乃詔輟河夫卒三萬三千,專治東流。是時,人爭言導河之利,茂則等謂:"二股河北最下,而舊防可因,今堙塞者纔三十餘里,若度河之湍,浚而逆之,又存清水鎮河以析其勢,則悍者可回,決者可塞。"帝然之。十二月,令河北轉運司開修二股河上流,併修塞第五埽決口。

五年二月甲寅,興役。四月丁卯,二股河成,深十一尺,廣四百尺。方浚河則稍障其決水,至是水入于河,而決口亦塞。六月,河溢北京夏津。閏七月辛卯,帝語執政:"聞京東調夫修河,有壞產者,河北調急夫尤多。若河復決,奈何? 且河決不過占一河之地,或西或東，若利害無所校，聽其所趨，如何?"王安石曰："北流不塞，占公私田至多。又水散漫，久復澱塞。昨修二股，費至少，而公私田皆出，向之瀉鹵俱爲沃壤，庸非利乎？況急夫已減於去歲，若復葺理隄防，則河北歲夫愈減矣。"

六年，選人李公義者獻鐵龍爪揚泥車法以濬河。其法用鐵數斤爲爪形，以繩繫舟尾而沉之水，篙工急擢，乘流相繼而下，一再過水，已深數尺。宦臣黃懷信以爲可用而患其太輕。王安石請令懷信、公義同議增損，乃別制濬川杷。其法以巨木長八尺，齒長二尺，列于木下如杷狀，以石壓之，兩傍繫大繩，兩端矴大船，相距八十步，各用滑車絞之。去來撓蕩泥沙已，又移船而濬。或謂水深則杷不能及底，雖數往來，無益；水淺則齒碍沙泥，曳之不動，卒乃反齒向上而曳之。人皆知不可用，惟安石善其法，使懷信先試之，以濬二股；又謀鑿直河數里以觀其效。且言於帝曰："開直河則水勢分。其不可開者，以近河，每開數尺即見水，不容施功爾。今第見水即以杷濬之，水當隨杷改趨直河，苟置數千杷，則諸河淺澱，皆非所患，歲可省開濬之費幾百千萬。"帝曰："果爾，甚善。聞河北小軍壘當起夫五千，計合境之丁僅及此數，一夫至用錢八緡。故歐陽修嘗謂開河如放火，不開如失火，與其勞人，不若勿開。"安石曰："勞人以除害，所謂毒天下之民而從之者。"帝乃許春首興工，而賞懷信以度僧牒十五道，公義與堂除。以杷法下北京，令虞部員外郎、都大提舉大名府界金堤范子淵與通判、知縣共試驗之，皆言不可用。會子淵以事至京師，安石問其故，子淵意附會，遽曰："法誠善，第同官議不合耳。"安石大悦。至是，乃置濬河司，將自衛州濬至海口，差子淵都大堤舉，公義爲之屬，許不拘常制，舉使臣等，人船、木鐵、工匠皆取之諸埽，官吏奉給，視都水司、監丞司行移，與監司敵體。當是時，北流閉已數年[九]，水或橫決散漫，常虞遏壅。十月，外監丞王令圖獻議，於北京第四、第五埽等處開修直河，使大河還二股故道。乃命范子淵及朱仲立領其事，開直河，深八尺，又用杷疏濬二股及清水鎮河，凡退背、魚肋河則塞之。王安石乃盛言用杷之功，若不輟工，雖二股河上流，可使行地中。

七年，都水監丞劉璯言："自開直河，閉魚肋，水勢增漲，行流湍急，漸塌河岸，而許家港、清水鎮河極淺漫，幾於不流。雖二股深快，而蒲泊已東，下至四界首，退出之田，略無固護，設遇漫水出岸，牽廻河頭，將復成水患。宜候霜降水落，閉清水鎮河，築縷河堤一道以遏漲水，使大河復循故道。又退出良田數萬頃，俾民耕種。而博州界堂邑等退背七埽，歲減修護之費，公私兩濟。"從之。是秋，判大名文彥博言："河溢壞民田，多者六十村，戶至萬七千，少者九村，戶至四千六百，願蠲租稅。"從之。又命都水詰官吏不以水災聞者。外都水監丞程昉以憂死。

文彥博言："臣正月嘗奏：德州河底淤澱，泄水稽滯，上流必至壅遏。又河勢變移，四散漫流，兩岸俱被水患。若不預爲經制，必溢魏、博、恩、澶等州之境。而都水略無施設，止固護東流北岸而已。適累年河流低下，官吏希省費之賞，未嘗增修堤岸，大名諸埽皆可憂虞。謂如曹村一埽，自熙寧八年至今三年，雖每計春料當培低怯，而有司未嘗如約，其埽兵又皆給他役，實在者十有七八，今者果大決溢。此非天災，實人力不至也。臣前論此，并乞審擇水官。今河朔、京東州縣，人被患者莫知其數，嗷嗷籲天，上軫聖念。而水官不能自訟，猶汲汲希賞。臣前論所陳，出于至誠，本圖補報，非敢激訐也。"

初議塞河也，故道堙而高，水不得下，議者欲自夏津縣東開篇河入董固[一〇]，以護舊河，袤七十里九十步。又自張村埽直東築堤至

麗家莊古堤,袤五十里二百步。詔樞密都承旨韓縝相視。縝言:"漲
水衝刷新河,已成河道。河勢變移無常,雖開河就堤,及於河身刱立
生堤,枉費功力。惟增修新河,乃能經久。"詔可。元豐元年十一月,
都水監言:"自曹村決口溢,諸埽無復儲蓄,乞給錢二十萬緡下諸路,
以時市稍草封椿。"詔給十萬緡,非朝旨及埽岸危急,毋得擅用。二
年七月戊子,范子淵言:"因護黃河岸畢工,乞中分爲兩埽。"詔以廣
武上下埽爲名。

　　初,河決澶州也,北外監丞陳祐甫謂[一]:"商胡決三十餘年,所
行河道填淤漸高,隄防歲增,未免泛濫。今當修者有三:商胡一也,
橫隴二也,禹舊迹三也。然商胡、橫隴故道,地勢高平,土性疏惡,皆
不可復,復亦不能持久。惟禹故瀆尚存,在大伾、太行之間,地卑而
勢固。故秘閣校理李垂與今知深州孫民先皆有修復之議。望詔民
先同河北漕臣一員,自衛州王供埽按視,訖于海口。"從之。

　　四年六月戊午,詔:"東流已填淤,不可復,將來更不修閉小吳決
口,候見大河歸納,應合修立隄防,令李立之經畫以聞。"帝謂輔臣
曰:"河之爲患久矣,後世以事治水,故嘗有碍。夫水之趨下[一二],乃
其性也,以道治水,則無違其性,可也。如能順水所向,遷徙城邑以
避之,復有何患? 雖神禹復生,不過如此。"輔臣皆曰:"誠如聖訓。"
河北東路提點刑獄劉定言:"王莽河一徑水,自大名界下合大流注冀
州,及臨清徐曲御河決口、恩州趙村埧子決口,兩徑水亦注冀州城
東。若遂成河道,即大流難以西傾,全與李垂、孫民光所論違背,望
早經制。"詔送李立之。八月壬午,立之言:"臣自決口相視河流,至
乾寧軍分入東西兩塘,次入界河,於劈地口入海,通流無阻,宜修立
東西堤。"詔覆計之。而言者又請自王供埽上添修南岸,於小吳口北
創修遙堤,候將來礬山水下,決王供埽,使直河注東北滄州界,或南

或北,從故道入海。不從。九月庚子,立之又言:"北京南樂、舘陶、宗城、魏縣、淺口、永濟、延安鎮、瀛州景城鎮在大河兩堤之間,乞相度遷於堤外。"於是用其説,分立東西兩堤五十九埽。定三等向著:河勢正著堤身爲第一,河勢順流堤下爲第二,河離一里内爲第三。退背亦三等:堤去河最遠爲第一,次遠者爲第二,次近一里以上爲第三。立之在熙寧初已主立堤,今竟行其言。

五年正月己丑,詔立之:"凡爲小吳決口所立隄防,可按視河勢向背應置埽處,毋虚設巡河官,毋橫費工料。"六月,詔曰:"原武決口已奪大河四分以上,不大治之,將貽朝廷巨憂。其輟修汴河堤岸司兵五千,併力築堤修閉。"都水復言:"兩馬頭墊落,水面闊二十五步,天寒,乞候來春施工。"至臘月,竟塞。九月,河溢滄州南皮上、下埽,又溢清池埽,又溢永靜軍阜城下埽。十月辛亥,提舉汴河堤岸司言:"洛口廣武埽大河水漲,塌岸,壞下鋪斗門。萬一入汴,人力無以支吾。密邇都城,可不深慮?"詔都水監官速往護之。丙辰,廣武上、下埽危急,詔救護,尋獲安定。

七年七月,河溢北京,帥臣王拱辰言[一三]:"河水暴至,數十萬衆號叫求救,而錢穀稟轉運,常平歸提舉,軍器、工匠隸提刑,埽岸、物料、兵卒即屬都水監,逐司在遠,無一得專,倉卒何以濟民? 望許不拘常制。"詔:"事于機速,奏覆牒稟所屬不及者,如所請。"戊申,命拯護陽武埽。十月,冀州王令圖奏:"大河行流散漫,河内殊無緊流,旋生灘磧。宜令澶州相視水勢,使之復故道。"會明年春,宮車宴駕。大抵熙寧初,專欲導東流,閉北流。元豐以後,因河決而北,議者始欲復禹故迹。神宗愛惜民力,思順水性而水官難其人,王安石力主程昉、范子淵,故二人尤以河事自任。帝雖籍其才,然每抑之。其後元祐元年,子淵已改司農少卿,御史呂陶劾其修堤開河,糜費巨萬,護堤壓埽之人溺死無數。元豐六年興役，至七年功用不成。乞行廢放。於是黜知兗州，尋降知峽州。其制略曰："汝以有限之材，興必不可成之役，驅無辜之民，置之必死之地。"中書舍人蘇軾詞也。八年，知澶州王令圖建議濬迎陽埽舊河，又於孫村金堤置約，復故道。本路轉運使范子奇仍請於大吳北岸修進鋸牙，擗約河勢，於是回河東流之議起。

校勘記：

〔一〕"徐"：原書作"除"，據《宋史·河渠志》改。

〔二〕補校："河滂"，《宋史·河渠志》作"河港"，於義爲長，可從。下文"而河自其南四十里許家滂東決"，亦同。

〔三〕"嘉祐五年"，原書作"八年"，據《宋史·河渠志》《續資治通鑑長編》改。

〔四〕"魏"，原書作"渭"，據《宋史·河渠志》改。

〔五〕"合"，原書作"河"，據《宋史·河渠志》及文意改。

〔六〕補校："裹護"，原作"裏護"，與上下文義不協，蓋以兩字形近而譌，兹據《宋史·河渠志》改。

〔七〕"郵"，原書作"動"，據《宋史·河渠志》改。

〔八〕"以爲"，原書作"爲以"，據《宋史·河渠志》乙正。

〔九〕"閉"，原書作"開"，據《宋史·河渠志》改。

〔一〇〕"固"，原書無，據《宋史·河渠志》補。

〔一一〕"謂"，原書作"爲"，據《宋史·河渠志》及文意改。

〔一二〕補校："水之"，原作"之水"，係手民之誤倒，而與上下文義不協，兹據《宋史·河渠志·河渠二》："夫水之趨下，乃其性也。以道治水，則無違其性可也"改。

〔一三〕"帥"，原書作"師"，據《宋史·河渠志》及文意改。

治河通考卷之六

議河治河考

哲宗

元祐元年二月乙丑，詔："未得雨澤，權罷修河，放諸路兵夫。"九月丁丑，詔秘書監張問相度河北水事。十月庚寅，又以王令圖領都水，同問行河。十一月丙子，問言："臣至滑州決口相視，迎陽埽至大、小吳，水勢低下，舊河淤仰，故道難復。請於南樂大名埽開直河并籤河，分引水勢入孫村口，以解北京向下水患。"令圖亦以爲然，於是減水河之議復起。既從之矣，會北京留守韓絳奏引河近府非是，詔問別相視。

二年二月，令圖、問欲必行前説，朝廷又從之。三月，令圖死，以王孝先代領都水，亦請如令圖議。右司諫王覿言："河北人户轉徙者多，朝廷責郡縣以安集，空倉廩以賑濟，又遣專使察視之，恩德厚矣。然耕耘是時，而流轉於道路者不已。二麥將熟，而寓食於四方者未還。其故何也？蓋亦治其本矣。今河之爲患三：泛濫淳漵，漫無涯涘，吞食民田，未見窮已，一也；緣邊漕運獨賴御河，今御河淤澱，轉輸艱梗，二也；塘泊之設，以限南北，濁水所經，即爲平陸，三也。欲治三患，在遴擇都水、轉運而責成耳。今轉運使范子奇反覆求合，都水使者王孝先暗繆，望別擇人。"時知樞密院事安燾深以東流爲是，兩疏言："朝廷久議回河，獨憚勞費，不顧大患。盖自小吳未決以前，河入海之地雖屢變移而盡在中國，故京師恃以北限彊敵，景德澶淵之事可驗也。且河決每西，則河尾每北，河流既益西決，固已北抵境上。若復不止，則南岸遂属遼界，彼必爲橋梁，守以州郡。如慶曆中因取河南熟户之地，遂築軍以窺河外，已然之效如此。盖自河而南，地勢平衍，直抵京師，長慮却顧，可爲寒心。又朝廷捐東南之利半，以宿河北重兵，備預之意深矣。使敵能至河南，則邈不相及。今欲便於治河而緩於設險，非計也〔一〕。"王巖叟亦言："朝廷知河流爲北道之患日深，故遣使命水官相視便利，欲順而導之，以拯一路生靈於墊溺，甚大惠也。然昔者專使未還，不知何疑而先罷議；專使反命，不知何所取信而議復興？既敕都水使者總護役事，調兵起工，有定日矣，已而復罷。數十日間，變議者再三，何以示四方？今有大害七，不可不早爲計。北塞之所恃以爲險者在塘泊，黄河湮之，捽不可濬，浸北塞險固之利，一也；横遏西山之水，不得順流而下，蹙溢於千里，使百萬生齒居無廬，耕無田，流散而不復，二也；乾寧孤壘，危絶不足道，而大名、深、冀心腹郡縣皆有終不自保之勢，三也；滄州扼北敵海道，自河不東流，滄州在河之南，直抵京師，無有限隔，四也；并吞御河，邊城失轉輸之便，五也；河北轉運司歲耗財用，陷租賦以百萬計，六也；六七月之間，河流交漲，占没西路，阻絶遼使，進退不能，朝以爲憂，七也。非此七害委之，可緩而未治可也。且去歲之患也甚前歲，今歲又甚焉，則奈河？望深詔執政大臣，早決河議而責成之。"太師文彦博、中書侍郎吕大防皆主其議。中書舍人蘇轍謂右僕射吕公著曰："河決而北，先帝不能回，而諸公欲回之，是自謂智勇勢力過先帝也。盍因其舊而修其未備乎？”公著唯唯。於是三省奏：“自河北決，恩、冀以下數州被患，至今未見開修的確利害，致妨興工。”乃詔河北轉運使、副，限兩月同水官講議聞奏。十一月，講議官皆言：“令圖、問相度開河，取水入孫村口還復故道處，測量得流分尺寸，取引不過，其説難行。”十二月，張景先復以問説爲善，果欲回河，惟北京已上、滑州而下爲宜，仍於孫村濬治橫河舊堤，止用逐埽人兵、物料，并年例客軍、春夫，漸爲之可也。朝廷是其説。

二年六月戊戌，乃詔：“黃河未復故道，終爲河北之患。王孝先等所議已嘗興役，不可中罷，宜接續工料，向去決要回復故道。三省、樞密院速與商議施行。”右相范純仁言：“聖人有三寶，曰慈、曰儉、曰不敢爲天下先，蓋天下大勢惟人君所向，群下兢趨如川流山摧，小失其道，非一言一力可回，故居上者不可不謹也。今聖意已有所向而爲天下先矣。乞諭執政：‘前日降出文字，却且進入。’免希合之臣，妄測聖意，輕舉大役。”尚書王存等亦言：“使大河決可東回，而北流遂斷，何惜勞民費財，以成經久之利？今孝先等自未有必然之論，但僥幸萬一，以冀成功，又預求免責，若遂聽之，將有噬臍之悔。乞望選公正近臣及忠實内侍，覆行按視，審度可否，興工未晚。”庚子，三省、樞密院奏事延和殿，文彥博、吕大防、安燾等謂：“河不東，則失中國之險，爲契丹之利。”范純仁、王存、胡宗愈則以虛費勞民爲憂。存謂：“今公私財力困匱，惟朝廷未甚知者，賴先帝時封樁錢物可用耳。外路往往空乏，奈何起數千萬物料、兵夫，圖不可必成之功(二)？且御契丹得其道，則自景德至今八九十年，通好如一家，設險何禦焉？不然，如石晉末耶律德先犯闕，豈無黃河爲阻，況今河流未必便衝過北界耶？”太后曰：“且熟議。”明日，純仁又盡四不可之説，且曰：“北流數年未爲大患，而議者恐失中國之利，先事回改。正如頃西夏本不爲邊患，而好事者以爲恐失機會，遂興靈武之師也。臣聞孔子論爲政曰：先有司。今水官未嘗保明而先示決欲回河之旨，他日敗事，是使之得以籍口也。"存、宗愈亦奏："昨親聞德音，更令熟議，然累日猶有未同，或令建議者結罪任責。臣等本謂建議之人思慮有未逮，故乞差官覆按。若但使之結罪，彼所見不過如此，後或誤事，加罪何益？臣非不知河決北流，爲患非一。淤沿邊塘泊，斷御河漕運，失中國之險，遏西山之流。若能全回大河，使由孫村故道，豈非上下通願？但恐不能成功，爲患甚於今日。故欲選近臣按視，若孝先之説決可成，則積聚物料，接續興役；如不可爲，則令沿河踏行，自恩、魏以北，塘泊以南，別求可以疏導歸海去處，不必專主孫村。此亦三省共曾商量，望賜詳酌。"存又奏："自古惟有導河并塞河。導河者順水勢，自高導令就下；塞河者爲河堤，決溢修塞，令入河身。不聞幹引大河令就高行流也。"乞收回戊戌詔書。戶部侍郎蘇轍、中書舍人曾肇各三上疏。轍大略言："黃河西流，議復故道，事之經歲，役兵二萬，聚稍樁等物三十餘萬。方河朔災傷困弊，而興必不可成之功，吏民竊歎。今回河大議雖寢，然聞議者固執來歲開河分水之策。今小吳決口，入地已深，而孫村所開丈尺有限，不獨不能回河，亦必不能分水。況黃河之性，急則通流，緩則淤澱，既無東西皆急之勢，安有兩河並行之理？縱使兩河並行，未免各立隄防，其費又倍矣。今建議者其説有三，臣請析之：一曰御河湮滅，失饋運之利。昔大河在東，御河自懷、衛經北京，漸歷邊郡，饋運既便，商賈通行。自河西流，御河湮滅，失此大利，天實使然。今河自小吳北行，占壓御河故地，雖使自北京以南析而東行，則御河湮滅已一二百里，何由復見？此御河之説不足聽也。二曰恩、冀以北，漲水爲害，公私損耗。臣聞河之所行，利害相半，蓋水來雖有敗田破税之害，其去亦

有淤厚宿麥之利。况故道已退之地,桑麻千里,賦役全復,此漲水之
説不足聽也。三曰河徙無常,萬一自契丹界入海,邊防失備。按河
昔在東,自河以西郡縣與契丹接境,無山河之限,邊臣建爲塘水,以
扞契丹之衝。今河既西,則西山一帶,契丹河行之地無幾,邊防之利
不言可知。然議者尚恐河復北徙,則海口出契丹界中,造舟爲梁,便
於南牧。臣聞契丹之河,自北南注以入于海,盖地形北高,河無北徙
之道,而海口深浚,勢無徙移,此邊防之説不足聽也。臣又聞謝卿材
到闕昌言:'黃河自小吳決口,乘高注北,水勢奔決,上流隄防無復決
怒之患。朝廷若以河事付臣,不役一夫,不費一金,十年保無河患。'
大臣以其異己,罷歸,而使王孝先、俞瑾、張景先三人重畫回河之計。
盖由元老大臣重於改過,故假契丹不測之憂,以取必於朝廷。雖已
遣百禄等出按利害,然未敢保其不觀望風旨也。願亟回收買稍草,
指揮來歲勿調開河役兵,使百禄等明知意所偏係,不至阿附以誤國
計。"肇之言曰:"數年以來,河北、京東、淮南災傷,今歲河北並邊稍
熟,而近南州軍皆旱,京東西、淮南饑殍瘡痍。若來年雖未大興河
役,止令修治舊堤,開減水河,亦須調發丁夫,本路不足,則及鄰路,
鄰路不足,則及淮南,民力果何以堪? 民力未堪,則雖有回河之策,
及稍草先具,將安施乎?"會百禄等行視東西二河,亦以爲東流高仰,
北流順下,決不可回。即奏曰:"往者王令圖、張問欲開引水籤河,導
水入孫村口,還復故道。議者疑焉,故置官設屬,使之講議。既開撅
井筒,折量地形水面尺寸高下,顧臨、王孝先、張景先、唐義問、陳祐
之皆謂故道難復。而孝先獨叛其説,初乞先開減水河,俟行流通快,
新河勢緩,人工物料豐備,徐議閉塞北流。已而召赴都堂,則又請以
二年爲期。及朝廷詰其成功,遽云:來年取水入孫村口,若河流順
快,工料有備,便可閉塞,回復故道。是又不竢新河勢緩矣。回河事

大，寧容異同如此？盖孝先、俞瑾等知用物料五千餘萬，未有指擬，見買數計，經歲未及毫釐，度事理終不可爲，故爲大言。又云：‘若失此時，或河勢移背，豈獨不可減水，即永無回河之理。’臣等竊謂河流轉徙廼其常事，水性就下，固無一定。若假以五年，休養數路民力，沿河積材，漸濬故道，葺舊堤，一旦流勢改變，審議事理，釃爲二渠，分派行流，均減漲水之害，則勞費不大，功力易施，安得謂之一失此時，永無回河之理也？”

四年正月癸未，百禄等使回入對，復言：“修減水河，役過兵夫六萬三千餘人，計五百三十萬工，費錢糧三十九萬二千九百餘貫、石、匹[三]、兩，收買物料錢七十五萬三百餘緡，用過物料二百九十餘萬條、束，官員、使臣、軍大將凡一百一十餘員，請給不預焉。願罷有害無利之役，那移工料，繕築西堤，以護南決口。”未報。己亥，乃詔罷河及修減水河。四月戊午，尚書省言：“大河東流，爲中國之要險。自大吳決後，由界河入海，不惟淤壞塘濼，兼濁水入界河，向去淺澱，則河必北流。若河尾直注北界入海，則中國全失險阻之限，不可不爲深慮。”詔范百禄、趙君錫條畫以聞。百禄等言：“臣等昨按行黃河獨流口至界河，又東至海口，熟觀河流形勢，并緣界河至海口鋪砦地分，使臣各稱：界河未經黃河行流已前，闊一百五十步，下至五十步，深一丈五尺，下至一丈。自黃河行流之後，今闊至五百四十步，次亦三二百步，深者三丈五尺，次亦二丈。乃知水就下，行疾則自刮除成空而稍深，與《前漢書》大司馬史張戎之論正合。自元豐四年河出大吳，一向就下，衝入界河，行流勢如傾建。經今八年，不捨晝夜，衝刷界河，兩岸日漸開闊，連底成空，趨海之勢甚迅。雖遇元豐七年、八年、元祐元年泛漲非常[四]，而大吳以上數百里終無決溢之害，此乃下流歸納處河流深快之驗也。塘濼有限遼之名，無禦遼之實。今之

塘水，久異昔時，淺足以褰裳而涉，深足以維舟而濟，冬寒冰堅，尤爲
坦途。如滄州等處，商胡之決即已澱淤，今四十二年，迄無邊警，亦
無人言以爲深憂。自回河之議起，首以此動煩聖聽。殊不思大吳初
決，水未有歸，猶不北去。今入海湍迅，界河益深，尚復何慮？籍令
有此，則中國據上游，契丹豈不慮乘流擾之乎？自古朝那[五]、蕭關、
雲中、朔方、定襄、鴈門、上郡、太原、右北平之間，南北往來之衝，豈
塘濼界河之足限哉？臣等竊謂本朝以來，未有大河安流，合於禹迹，
如此之利便者。其界河向去只有深闊，加以朝夕海潮往來渲蕩，必
無淺澱，河尾安得直注北界？中國亦無全失險阻之理。且河遇平壤
灘慢，行流稍遲，則泥沙留淤。若趨深走下，湍激奔騰，惟有刮除，無
由淤積，不至上煩聖慮。"七月己巳朔，冀州南宮等五埽危急，詔撥提
舉修河司物料百萬與之。甲午，都水監言："河爲中國患久矣，自小
吳決後，汎濫未著河槽，前後遣官相度非一，終未有定論。以爲北流
無患，則前二年河決南宮下埽，去三年決上埽，今四年決宗城中埽，
豈是北流可保無虞？以爲大河卧東，則南宮、宗城皆在西岸；以爲卧
西，則冀州信都、恩州清河、武邑或決，皆在東岸。要是大河千里，未
見歸納經久之計，所以昨相度第三、第四鋪分決漲水，少紓目前之
急。繼又宗城決溢，向下包蓄不定，雖欲不爲東流之計不可得也。
河勢未可全奪，故爲二股之策。今相視新開第一口，水勢湍猛，發泄
不及，已不候工畢，更撥沙河隄第一口泄減漲水，因而二股分行，以
紓下流之患。雖未保冬夏常流，已見有可爲之勢。必欲經久，遂作
二股，仍較今所修利害孰爲輕重，有司具析保明以聞。"八月丁未，翰
林學士蘇轍言："夏秋之交，暑雨頻併，河流暴漲出岸，由孫村東行，
蓋每歲常事。而李偉與河埽使臣因此張皇，以分水爲名，欲發回河
之議，都水監從而和之。河事一興，求無不可，況大臣以其符合己説

而樂聞乎？臣聞河道西行孫村側左，大約入地二丈以來，今所報漲水出岸，由新開口地東入孫村，不過六七尺。欲因六七尺漲水而奪入地二丈河身，雖三尺童子，知其難矣。然朝廷遂爲之遣都水使者，興兵功，開河道，進鋸牙，欲約之使東。方河水盛漲，其西行河道若不斷流，則遏之東行，實同兒戲。臣願急命有司，徐觀水勢所向，依累年漲水舊例，因其東溢，引入故道，以紓北京朝夕之憂。故道隄防壞決者，第略加修葺，免其決溢而已。至於開河、進約等事，一切毋得興功，俟河勢稍定然後議。不過一月，漲水既落，則西流之勢決無移理。兼聞孫村出岸漲水，今已斷流，河上官吏未肯奏知耳。"是時，吳安持與李偉力主東流，而謝卿材謂："近歲河流稍行地中，無可回之理。"上《河議》一編。召赴政事堂會議，大臣不以爲然。癸丑，三省、樞密院言："繼日霖雨，河上之役恐煩聖慮。"太后曰："訪之外議，河水已東復故道矣。"乙丑，李偉言："已開撥北京南沙河直堤第三鋪，放水入孫村口故道通行。"又言："大河已分流，既更不須開淘。因昨來一決之後，東流自是順決，渲刷漸成港道。見今已爲二股，約奪大河三分以東，若得夫二萬，於九月興工，至十月寒凍時可畢。因引導河勢，豈止爲二股通行而已？亦將遂爲回奪大河之計。今來既因擗捸東流，修全鋸牙，當迤邐增進一埽，而取一埽之利，比至來年春夏之交，遂可全復故道。朝廷今日當極力必閉北流，乃爲上策。若不明詔有司，即令回河，深恐上下遷延，議終不決，觀望之間，遂失機會。乞復置修河司。"從之。

　　五年正月丁亥，梁燾言："朝廷治河，東流北流，本無一偏之私。今東流未成，邊北之州縣未至受患，其役可緩。北流方悍，邊西之州縣日夕可憂，其備宜急。今傾半天下之力專言東流，而不加一夫一草於北流之上，得不誤國計乎？去年屢決之害，全由隄防無備。臣

願嚴責水官,修治北流埽岸,使二方均被惻隱之恩[六]。"二月己亥,
詔開修減水河。辛丑,乃詔三省、樞密院:"去冬愆雪,今未得雨,外
路旱暵闊遠,宜權罷修河。"戊申,蘇轍言:"臣去年使契丹,過河北,
見州縣官吏,訪以河事,皆相視不敢正言。及今年正月,還自契丹,
所過吏民方舉手相慶,皆言近有朝旨罷回河大役,命下之日,北京之
人驩呼鼓舞。惟減水河役遷延不止,耗蠹之事十存四五,民間竊議,
意大臣業已爲此,勢難遽回。既爲聖鑒所臨,要當迤邐盡罷。今月
六日,果蒙聖旨,以旱災爲名,權罷修黃河,候今秋取責。大臣覆奏
盡罷黃河東、北流及諸河功役,民方憂旱,聞命踊躍,實荷聖恩。然
臣竊詳聖旨,上合天意,下合民心,因水之性,功力易就,天語激切,
中外聞者或至泣下,而大臣奉行,不得其平。由此觀之,則是大臣所
欲,雖害物而必行;陛下所爲,雖利民而不聽。至於委曲回避,巧爲
之説,僅乃得行,君權已奪,國勢倒植。臣所謂君臣之間,逆順之際,
大爲不便者,此事是也。黃河既不可復回,則先罷修河司,只令河北
轉運司盡將一道兵功,修貼北流堤岸;罷吳安持、李偉都水監差遣,
正其欺罔之罪,使天下曉然知聖意所在。如此施行,不獨河事就緒,
天下臣庶自此不敢以虛誑欺朝廷,弊事庶幾漸去矣。"八月甲辰,提
舉東流故道李偉言:"大河自五月後日益暴漲,始由北京南沙堤第七
鋪決口,水出於第三、第四鋪并清豐口一併東流。故道河槽深三丈
至一丈以上,比去年尤爲深快,頗減北流橫溢之患。然今已秋深,水
當減落,若不稍加措置,慮致斷絕,即東流遂成淤澱。望下所屬官
司,經畫沙堤等口分水利害,免淤故道,上誤國事。"詔吳安持與本路
監司、北外丞司及李偉按視,具合措置事連書以聞。九月,中丞蘇轍
言:"修河司若不罷,李偉若不去,河水終不得順流,河朔生靈終不得
安居。乞速罷修河司,及檢舉六年四月庚子敕,竄責李偉。"

七年三月，以吏部郎中趙偁權河北轉運使。偁素與安持等議不協，嘗主河議，其略曰："自頃有司回河幾三年，功費騷動半天下，復爲分水又四年矣。故所謂分水者，因河流，相地勢，導而分之。今乃橫截河流，置埽約以扼之，開濬河門，徒爲淵澤，其狀可見。況故道千里，其間又有高處，故累歲漲落輒復自斷。夫河流有逆順，地勢有高下，非朝廷可得而見，職在有司，朝廷任之亦信矣，患有司不自信耳。臣謂當繕大河北流兩堤，復修宗城棄堤，閉宗城口，廢上、下約，開闞村河門，使河流湍直，以成深道。聚三河工費以治一河，一二年可以就緒，而河患庶幾息矣。願以河事并都水條例一付轉運司而總以工部，罷外丞司，使措置歸一，則職事可舉，弊事可去。"四月，詔："南北外兩丞司管下河埽，今後令河北、京西轉運使、副、判官、府界提點分認界至，内河北仍於銜内帶'兼管南北外都水公事'。"十月辛酉，以大河東流，賜都水使者吳安持三品服，北都水監丞李偉再任。

八年二月乙卯，三省奉旨："北流軟堰，並依都水監所奏。"門下侍郎蘇轍奏："臣嘗以謂軟堰不可施於北流，利害甚明。蓋東流本人力所開，闞止百餘步，冬月河流斷絕，故軟堰可爲。今北流是大河正流，比之東流何止數倍，見今河水行流不絕，軟堰何由能立？蓋水官之意，欲以軟堰爲名，實作硬堰，陰爲回河之計耳。朝廷既以覺其意，則軟堰之請不宜復從。"趙偁亦上議曰："臣竊謂河事大利害有三，而言者互進其說，或見近忘遠，徼倖盜功，或取此捨彼，譸張昧理。遂使大利不明，大害不去，上惑朝聽，下滋民患，橫役枉費，殆無窮已，臣切痛之。所謂大利害者：北流全河，患水不能分也；東流分水，患水不能行也；宗城河決，患水不能閉也。是三者，去其患則爲利，未能去則爲害。今不謀北而議欲專閉北流，止知一日可閉之利，而不知異日既塞之患；止知北流伏槽之水易爲力，而不知闞村方漲之勢,未可併以入東流也。夫欲合河以爲利,而不恤上下壅潰之害,是皆見近忘遠,徼倖盜功之事也。有司欲斷北流而不執其咎,乃引分水爲説,姑爲軟堰。知河衝之不可以軟堰禦,則又爲決堰之計。臣恐枉有工費,而以河爲戲也。請俟漲水伏槽,觀大河之勢以治東流、北流。”五月,水官卒請進梁村上、下約,束狹河門。既涉漲水,遂壅而潰,南犯德清,西決内黄,東淤梁村,北出闞村,宗城決口復行魏店,北流因淤遂斷,河水四出,壞東郡浮梁。十二月丙寅,監察御史郭知章言:“臣比緣使事至河北,自澶州入北京,渡孫村口,見水趨東者,河甚闊而深;又自北京往洺州,過楊家淺口復渡,見水之趨北者,纔十之二三,然後知大河宜閉北行東。乞下都水監相度。”於是吳安持復兼領都水,即建言:“近準朝旨,已堰斷魏店刺子,向下北流一股斷絶。然東西未有堤岸,若漲水稍大,必披灘漫出,則平流在北京、恩州界,爲害愈甚。乞塞梁村口,縷張包口,開青豐口以東雞爪河,分殺水勢。”吕大防以其與己意合,向之,詔同北京留守相視。時范純仁復爲右相,與蘇轍力以爲不可,遂降旨:“令都水監與本路安撫、轉運、提刑司共議,可則行之,有異議速以聞。”紹聖元年正月也。是時,轉運使趙偁深不以爲然,提刑上官均頗助之。偁之言曰:“河自孟津初行平地,必須全流,乃成河道。禹之治水,自冀北抵滄、棣,始播爲九河,以其近海無患也。今河自橫壠、六塔、商胡、小吳,百年之間皆從西決,盖河徙之常勢。而有司置埽創約橫截河流,回河不成,因爲分水。初決南宮[七],再決宗城,三決内黄,亦皆西決,則地勢西下,較然可見。今欲弭息河患,而逆地勢,戾水性,臣未見其能就功也。請開闞村河門,修平鄉鉅鹿埽、焦家等堤,濬澶淵故道,以備漲水。”大名安撫使許將言:“度今之利,若舍故道,止從北流,則慮河下流已湮,而上流橫潰爲害益廣。若直閉北流,東徙故道,則復慮受水不盡而被堤爲患。竊宜因梁村之口以行東，因内黄之口以行北，而盡閉諸口以絕大名諸州之患。俟春夏水大至，乃觀故道，足以受之，則内黄之口可塞；不足以受之，則梁村之役可止。定其成議，則民心固而河之順復有時，可以保其無害。”詔：“令吳安持同都水監丞鄭佑，與本路安撫、轉運、提刑司官，具圖狀保明聞奏，即有未便，亦具利害來上。”三月癸酉，監察御史郭知章言：“河復故道，水之趨東，已不可遏。近日遣使按視，巡司議論未一。臣謂水官朝夕從事河上，望專之。”乙亥，吕大防罷相。六月，右正言張商英奏言：“元豐間河決南宮口，講議累年，先帝歎曰：‘神禹復生，不能回此河矣！’乃敕：‘自今後不得復議回河閉口。’蓋採用漢人之論，俟其泛濫自定也。元祐初，文彦博、吕大防以前敕非是，拔吳安持爲都水使者，委以東流之事。京東、河北五百里内差夫〔八〕，五百里外出錢雇夫，及支借常平倉司錢買稍草，斬伐榆柳。凡八年而無寸尺之效，乃遷安持太僕卿，王宗望代之。宗望至，則劉奉世猶以彦博、大防餘意，力主東流，以梁村口吞納大河。今則梁村口淤澱，而開沙堤兩處決口以泄水矣。前議累七十里堤以障北流，今則云俟霜降水落興工矣。朝廷咫尺，不應九年爲水官蔽欺如此。九年之内，年年礬山水漲，霜降水落，豈獨今年始有漲水而待水落乃可以興工耶？乞遣使按驗虚實，取索回河以來公私費錢糧、稍草，依仁宗朝六塔河施行。”會七月辛丑廣武埽危急，詔王宗望亟往救護。壬寅，帝謂輔臣曰：“廣武去洛河不遠，須防漲溢下灌京師，已遣中使視之。”輔臣出圖狀以奏曰：“此由黄河北岸生灘，水趨南岸，今雨止，河必減落。已下水官與洛口官同行按視，爲簽隄及去北岸嫩灘，令河順直，則無患矣。”八月丙子，權工部侍郎吳安持等言：“廣武埽危急，刷塌堤身二千餘步處，地形稍高。自鞏縣東七里店至見今洛口，約不滿十里，可以別開新河，引導河水近南行流，地步至少，用功甚微。王宗望行視并開井筒，各稱利便外，其南築大堤，工力浩大，乞下合屬官司，躬往相度保明。”從之。十月丁酉，王宗望言：“大河自元豐潰決以來，東、北兩流利害極大，頻年紛爭，國論不決，水官無所適從。伏自奉詔凡九月，上稟成筭，自闞村下至栲栳堤七節河門，並皆閉塞。築金隄七十里，盡障北流，使全河通還故道，以除河患。又自闞村下至海口，補築新舊隄防，增修疏濬河道之淤淺者，雖盛夏漲潦，不至壅決。望付史官，紀紹聖以來聖明獨斷，致此成績。”詔宗望等具析修閉北流部役官等功力等第以聞[九]。然是時東流隄防未及固繕[一○]，瀕河多被水患，流民入京師往往泊御廊及僧舍。詔給券，諭令還本土，以就賑濟。己酉，安持又言：“準朝旨相度開濬澶州故道，分減漲水。按，澶州本是河行舊道，頃年曾乞開修，時以東西地形高仰，未可興工。欲乞且行疏導燕家河，仍令所屬先次計度合增修一十一埽所用工料。”詔：“令都水監候來年將及漲水月分，先具利害以聞。”癸丑，三省、樞密院言：“元豐八年，知澶州王令圖議乞修復大河故道。元祐四年，都水使者吳安持因紓南宮等埽危急，遂就孫村口爲回河之策。及梁村進約東流，孫村口窄狹，德清軍等處皆被水患。今春，王宗望等雖於內黃下埽閉斷北流，然至漲水之時猶有三分水勢，而上流諸埽已多危急，下至將陵埽決壞民田。近又據宗望等奏，大河自閉塞闞村而下，及創築新堤七十餘里，盡閉北流，全河之水東還故道。今訪聞東流向西，地形已高，水行不快。既閉斷北流，將來盛夏，大河漲水全歸故道，不惟舊堤損缺怯薄，而闞村新堤亦恐未易枝梧。兼京城上流諸處埽岸，慮有壅滯衝決之患，不可不預爲經畫。”詔：“權工部侍郎吳安持、都水使者王宗望、監丞郭佑同北外監丞司，自闞村而下直至海口，逐一相視，增修疏濬，不致壅滯衝決。”丙辰，張商英又言：“今年已閉北流，都水監長、貳交章稱賀，或乞付史官，則是河水已歸故道，止宜修緝堤埽，防將來衝決而已。近聞王宗望、李仲却欲開澶州故道以分水，吳安持乞候漲水前相度。緣開澶州故道，若不與今東流底平，則纔經水落，立見淤塞。若與底平，則從初自合閉口回河，何用九年費財動衆？安持稱候漲水相度，乃是悠悠之談。前來漲水并今來漲水，各至澶州、德清軍界，安持首尾九年，豈得不見？更欲延至明年，乃是狡兔三穴，自爲潛身之計，非公心爲國事也。況立春漸近，調夫如是時不早定議，又留後説，邦財民力何以支持？訪聞先朝水官孫民先、元祐六年水官賈種民各有《河議》，乞取索照。會召前後本路監司及經歷河事之人與水官詣都堂反覆詰難，務取至當，經久可行。朱光庭上疏曰：“河之所以可治，朝廷難以遥度，責在水官任職而已。其所用物料，所役兵夫，水官既任責，則朝廷自合應副。將來成功，則當不惜重賞；設或敗事，亦當必行重責。伏乞朝廷指揮，下修河司，取責水官，委實可以廻復大河，結罪狀，庶使身任其責，以實從事，不至朝廷有所過舉。”

范祖禹上疏曰：“臣聞周靈王之時，穀、洛水鬬，將毀王宫。王欲雍之，太子晉諫以爲不可。今大河豈穀、洛之比，又無王宫之害，以何理而欲塞之也？韓聞秦之好興事，欲疲之無令東伐，乃使水工鄭國爲之間以説秦，令鑿經水爲渠溉田。夫一以猶能疲秦，使無東伐。今回河之役不知幾渠，而自困民力，自竭國用，又多殺人命，不可勝言之害，此乃西北二虜所奉也。今之河流方稍復大禹舊迹，入界河趨海〔一〕，初無雍底，萬壑所聚，其來遠大，必無可塞之理，自古無有容易塞河之事。乞以數路生民爲念，以國家安危、朝廷輕重爲急，速賜指揮，停罷修河。今將大冬盛寒，宜早降德澤，免生民飢凍死亡，正李偉等欺罔之罪。昨開第三、第四鋪，而第七鋪潰決，殆非人意所

料,恐將來閉塞,必有不測之患。"范純仁上疏曰:"臣聞堯舜之治不
過知人安民,知人則不輕信,安民則不妄動。情希好進,行險生事,
於聖明無事之朝則必妄説利害,覬朝廷舉事以求爵賞。朝廷若輕信
其言,則民不安矣。百姓久勞,方賴陛下安養,不急之務不可遽興。
蒙陛下專遣范百禄、趙君錫相度,歸陳回河之害甚明。尋蒙宸斷,復
詔大臣令速罷修河司,臣預奉行詔旨,深以復見堯舜知人安民爲慶。
三兩月來,却聞孫村有溢岸,水自然東行,議者以謂可因水勢以成大
利。朝廷遂捨向來范百禄、趙君錫之議,而復興回河之役。臣觀今
之舉動次第,是用時不可失之説而欲竭力必成。臣更不敢以難成。
雖成,三五年間必有溢爲慮,只且以河水東流之後,增添兩岸堤防,
鋪分大設數多,逐年防守之費所加數倍,財用之耗蠹與生民之勞擾
無有已時。更望聖慈特降睿旨,再下有司預行回河之役,逐年兩岸
埽鋪,防扞工費比之今日所增幾何? 及逐年致物於甚處辦? 則利害
灼然可見。利多害少,尚覬稔圖。苟利少害多,尤宜安静。定議歸
一,庶免以有限之財事無涯之功。"紹聖二年七月戊午,詔沿黄河州
軍,河防決溢,並即申奏。

　　元符二年二月乙亥,北外都水丞李偉言:"相度大小河門,乘此
水勢衰弱,並先修閉,各立蛾眉埽鎮壓。乞次於河北、京東兩路差正
夫三萬人,其他夫數令修河官和雇。"三月丁巳,偉又乞於澶州之南
大河身内開小河一道,以待漲水紓解大吳口下注北京一帶向著之
患。並從之。六月末,河決内黄口,東流遂斷絶。八月甲戌,詔:"大
河水勢十分北流,其以河事付轉運司,責州縣共力救護隄岸。"辛丑,
左司諫王祖道請正吳安持、鄭祐、李仲、李偉之罪,投之遠方,以明先
帝北流之志。詔可。

　　三年正月乙卯,徽宗即位。鄭祐、吳安持輩皆用登極大赦,次第

復。中書舍人張商英繳奉："祐等昨主回河，皆違神宗北流之意。"不聽。商英又嘗論水官非其人，治河當行其所無事，一用隄障，猶塞兒口止其啼也。三月，商英復陳五事：一曰行古沙河口；二曰復平恩四埽；三曰引大河自古漳河浮河入海；四曰築御河西堤而開東堤之積；五曰開水門口泄徒駭河東流。大要欲隨地勢疏濬入海。

校勘記：

〔一〕"計"，原書作"奇"，據《宋史·河渠志》改。

〔二〕補校：此句"圖"字下原有"□"於文義而言不必有，考之《宋史·河渠志》《續資治通鑑長編》《歷代名臣奏議》諸書，此句"圖"下皆無"□"，故可刪去。

〔三〕"匹"，原書作"四"，據《宋史·河渠志》及文意改。

〔四〕補校：此句"元祐"下無年頭，文義不順，《歷代名臣奏議》亦同。或爲傳鈔脫去，《續資治通鑑長編》作"雖遇元豐七年、八年、元祐元年非常大叚泛漲，而大吳以上數百里終無決溢之害，此乃下流歸納處河川深快之致驗也"，即有"元年"兩字，文字通順，因從補。

〔五〕"朝"，原書作"胡"，據《宋史·河渠志》改。

〔六〕"二"，原書作"一"，據《宋史·河渠志》改。

〔七〕"宮"，原書作"京"，據《宋史·河渠志》改。

〔八〕"内"，原書作"外"，據《宋史·河渠志》改。

〔九〕補校："功力等第"，原作"功力第"，於文義語氣稍有不協，《宋史·河渠志》作"詔宗望等具析修閉北流部役官等功力等第以聞"，文義通順，因據補"等第"之"等"字。

〔一〇〕"及"，原書作"幾"，據《宋史·河渠志》及文意改。

〔一一〕"趨"，原書作"超"，據《宋史·河渠志》及文意改。

治河通考卷之七

議河治河考

宋

徽宗

建中靖國元年春,尚書省言:"自去夏蘇村漲水,後來全河漫流,今已淤高三四尺,宜立西堤。"詔都水使者魯君貺同北外丞司經度之。於是左正言任伯雨奏:"河爲中國患二千歲矣,自古竭天下之力以事河者,莫如本朝。而狥衆人偏見,欲屈大河之勢以從人者,莫甚於近世。臣不敢遠引,衹如元祐末年小吳決溢,議者乃譎謀異計,欲立奇功,以邀厚賞,不顧地勢,不念民力,不惜國用,力建東流之議。當洪流中,立馬頭,設鋸齒,稍芻材木,耗費百倍,力遏水勢,使之東注,陵虛駕空,非特行地上而已。增堤益防,惴惴恐決,澄沙淤泥,久益高仰。一旦決潰,又復北流。此非隄防之不固,亦理勢之必至也。昔禹之治水,不獨行其所無事,亦未嘗不因其變以導之。蓋河流混濁,淤沙相半,流行既久,迤邐淤澱,則久而必決者,勢不能變也。或北而東,或東而北,亦安可以人力制哉!爲今之策,正宜因其所向寬立隄防，約攔水勢，使不至大段漫流。若恐北流淤澱塘泊，亦秖宜因塘泊之岸，增設隄防，乃爲長策。風聞近日又有議者獻東流之計，不獨比年災傷，居民流散，公私匱竭，百無一有，事勢窘急，固不可爲。抑以自高注下，湍流奔猛，潰決未久，勢不可改。設若興工，公私徒耗，殆非利民之舉，實自困之道也。”

崇寧三年十月，臣僚言：“昨奉詔措置大河，即由西路歷沿邊州軍，回至武強縣，循河堤至深州，又北下衡水縣，乃達于冀。又北度河過遠來鎮，及分遣屬僚相視恩州之北河流次第。大抵水性無有不下，引之就高，決不可得。況西山積水，勢必欲下，各因其勢而順導之，則無壅遏之患。”詔開修直河，以殺水勢。

四年二月，工部言：“乞修蘇村等處運糧河堤爲正堤，以支漲水，較修棄堤直堤，可減工四十四萬、料七十一萬有奇。”從之。閏二月，尚書省言：“大河北流合西山諸水，在深州武強、瀛州樂壽埽，俯瞰雄、霸、莫州及沿邊塘濼，萬一決溢，爲害甚大。”詔增二埽堤及儲蓄，以備漲水。是歲，大河安流。五年二月，詔滑州繫浮橋於北岸，仍築城壘，置官兵守護之。八月，葺陽武副堤。

大觀元年二月，詔於陽武上埽第五鋪開修直河，至第十五鋪，以分減水勢。有司言：“河身當長三千四百四十步，面闊八十尺，底闊五丈，深七尺，計役十萬七千餘工，用人夫三千五百八十二，凡一月畢。”從之。十二月，工部員外郎趙霆言：“南北兩丞司合開直河者，凡爲里八十有七，用緡錢八九萬。異時成功，可免河防之憂而省久遠之費。”詔從之。二年五月，霆上免夫之議，大略謂：“黃河調發人夫修築埽岸，每歲春首騷動數路，常至敗家破產。今春滑州魚池埽合起夫役，嘗令送免夫之直，用以買土，增貼埽岸，比之調夫，反有贏餘〔一〕。乞詔有司應堤埽合調春夫，並依此例，立爲永法。”詔曰：“河防夫工，歲役十萬，濱河之民，困於調發。可上戶出錢免夫，下戶出力充役，其相度條畫以聞。"丙申，邢州言河決，陷鉅鹿縣，詔遷縣於高地。又以趙州隆平下濕，亦遷之。六月己卯，都水使者吳玠言："自元豐間小吳口決北流入御河，下合西山諸水，至清州獨流砦三叉口入海[二]。雖深得保固形勝之策，而歲月浸久，侵犯塘堤，衝壞道路，齧損城砦。臣奉詔修治堤防，禦扞漲溢。然築八尺之堤，當九河之尾，恐不能敵。若不遇有損缺，逐旋增修，即又至隳壞，使與塘水相通，於邊防非計也。乞降旨修葺。"從之。三年八月，詔沈純誠開撩兔源，在廣武埽對岸，分減埽下漲水也。

政和四年十一月，都水使者孟昌齡言："今歲夏秋漲水，河流上下並行中道，滑州浮橋不勞解拆，大省歲費。"詔許稱賀，官吏推恩有差。昌齡又獻議導河大伾，可置永遠浮橋，謂："河流自大伾之東而來，直大伾山西，而止數里，方回南，東轉而過，復折北而東，則又直至大伾山之東，亦止不過十里耳。視地形水勢，東西相直徑易，曾不十里餘間，且地勢低下，可以成河，倚山可爲馬頭。又有中潬，正如河陽。若引使穿大伾大山及東北二小山，分爲兩股而過，合於下流，因是三山爲趾，以繫浮梁，省費數十百倍，可寬河朔諸路之役。"朝廷喜而從之。

五年六月癸丑，降德音于河北、京東、京西路，其略曰："鑿山釃渠，循九河既道之迹；爲梁跨趾，成萬世永賴之功。役不踰時，慮無愆素。人絕往來之阻，地無南北之殊。靈祇懷柔，黎庶呼舞。眷言朔野，爰暨近畿，畚鍤繁興，薪芻轉徙，民亦勞止，朕甚憫之。宜推在宥之恩，仍廣蠲除之惠。"又詔："居山至大伾山浮橋屬濬州者，賜名天成橋；大伾山至汶子山浮橋屬滑州者，賜名榮光橋。"俄改榮光曰聖功。七月庚辰，御製橋名，磨崖以刻之。方河之開也，水流雖通，然湍激猛暴，遇山稍隘，往往泛溢。近砦民夫多被漂溺，因亦及通利軍，其後遂注成巨深云。八月乙亥，都水監言："大河以就三山通流，正在通利之東，慮水溢爲患。乞移軍城於大伾山、居山之間，以就高仰。"從之。十月丙寅，都水使者孟揆言："大河連經漲淤，灘面已高，致河流傾側東岸。今若修閉棄強上埽決口，其費不貲，兼冬深難施人力；縱使極力修閉，東堤上下二百餘里，必須盡行增築，與水争力，未能全免決溢之患。今漫水行流，多鹹鹵及積水之地，又不犯州軍，止經數縣地分，迤邐纏御河歸納黃河。欲自決口上恩州之地水堤爲始增補舊堤，接續御河東岸，簽合大河。"從之。乙亥，臣僚言："禹跡湮没於數千載之遠，陛下神智獨運，一旦興復，導河三山。長堤盤固，横截巨漫，依山爲梁，天造地設，威示南北〔三〕，度越前古，歲無解繫之費，人無病涉之患。大功既成，願申飭有司，随爲隄防，每遇漲水，不輟巡視。"

七年五月丁巳，臣僚言："恩州寧化鎮大河之側，地勢低下，正當灣流衝激之處。歲久堤岸怯薄，沁水透堤甚多，近鎮居民例皆移避。方秋夏之交，時雨霈然，一失隄防，則不惟東流莫測所向，一隅生靈所係甚大，亦恐妨阻大名、河間諸州往來邊路〔四〕。乞付有司，貼築固護。"從之。六月癸酉，都水使者孟楊言："舊河陽南北兩河分流，立中潬，繫浮梁。頃緣北河淤澱一橋，因此河頃窄狹，水勢衝激，每遇漲水，多致損壞。欲措置開修北河，如舊修繫南北兩橋。"從之。

重和元年三月己亥，詔："滑州、濬州界萬年堤，全籍林木固護堤岸，其廣行種植以壯地勢。"五月甲辰，詔："孟州河陽縣第一埽，自春以來，河勢湍猛，侵嚙民田，迫近州城止二三里。其令都水使者同漕臣、河陽守臣措置固護。"是秋雨，廣武埽危急，詔内侍王仍相度措置。

宣和元年十二月，開修兔源河，并直河畢工，降詔獎諭。

欽宗

靖康元年三月丁丑，京西轉運司言：“本路歲科河防夫三萬，溝河夫一萬八千，緣連年不稔，群盜劫掠，民力困弊，乞量數減放。”詔減八千人。

校勘記：

〔一〕補校：“反有贏餘”，底本“贏餘”之“贏”作“蠃”，《宋史·河渠志·河渠三》同。當是同音假借。然《行水金鑑》卷十四《河水》（清江南按察使傅澤洪撰）引此已經改成“贏餘”，當從之。

〔二〕“清”，原書作“青”，據《宋史·河渠志》改。

〔三〕“示”，原書作“宗”，據《宋史·河渠志》改。

〔四〕“間”，原書作“潤”，據《宋史·河渠志》及文意改。

治河通考卷之八

議河治河考

元世祖

至元九年七月，衞輝河決，委都水監丞馬良弼與本路官同詣相視，差水夫併力修完之。十七年，遣使窮河源。

成宗

大德元年，秋七月，河決杞縣蒲口，乃命河北河南廉訪使尚文相度形勢，爲久利之策。文言：“長河萬里西來，其勢湍猛，至孟津而下，地平土疏，移徙不常，失禹故道，爲中國患，不知幾千百年矣。自古治河，處得其當，則用力少而患遲；事失其宜，則用力多而患速，此不易之定論也。今陳留抵睢，東西百有餘里，南岸舊河口十一，已塞者二，自湮者六，通川者三，岸高於水計六七尺，或四五尺，北岸故堤其水比田高三四尺，或高下等。大槩南高於北約八九尺，堤安得不壞？水安得不北也？蒲口今決十有餘步，迅速東行，得水舊瀆，行二百里，至歸德橫堤之下復合正流。或強湮遏，上決下潰，功不可成。揆今之計，河西郡縣順水之性遠築長垣以禦泛溢，歸德、徐、邳民避衝潰,聽從安便。被患之家宜於河南退灘地內給付頃畝,以爲永業。
異時河決他所者亦如此,亦一時救荒之良策也。蒲口不塞便。"朝廷
從之。會河朔郡縣、山東憲部爭言不塞則河北桑田盡爲魚鱉之區,
塞之便。復從之。明年蒲口復決,塞河之役無歲無之。是後水北
入,復河故道,竟如文言。

　　丘公《大學衍義補》曰:"河爲中原大害,自古治之者未有能得上策
者也。蓋以河自星宿海發源,東入中國踰萬里,凡九折焉,合華夷之水,
千流萬派,以趨於海。其源之來也遠矣,其水之積也衆矣。夫以萬川而
歸於一壑,所來之路孔多,所牧之門束隘,而欲其不泛溢難矣。況孟津
以下,地平土疏,易爲衝決,而移徙不常也。我漢唐以來,賈讓諸人言治
河者多隨時制宜之策,在當時雖或可行,而今日未必皆便。元時去今未
遠,地勢物力大段相似,尚文所建之策雖非百世經久之長計,然亦一時
救弊之良方。宜令河南藩憲每年循行,並河郡縣如文所言者相地所宜,
或築長垣以禦泛溢,或開淤塞以通束隘。從民所便,或遷村落以避衝
潰,或給退灘以償所失,如此雖不能使並河州郡百年無害,而被患居民
亦可暫時蘇息矣!"

二年秋七月,大雨,河決,漂歸德屬縣,詔免田租一年。

三年五月,河南省言河決蒲口兒等處,差官修築,計料合修土堤
二十五處,共長三萬九千九十二步,總用葦四十萬四千束,徑尺樁二
萬四千七百二十株,役夫七千九百二人。

武宗

至大三年十一月,河北河南道廉訪司言黃河決溢,千里蒙害,浸
城郭,湮室廬,壞禾稼,百姓已罹其毒。然後訪求修治之方,而衆議
紛紜,互陳利害。當事者疑惑不決,必須上請朝省。比至議定,其害
滋大,所謂不預已然之弊。大抵黃河伏槽之時,水勢似緩,觀之不足

爲害。一遇霖潦，湍浪迅猛，自孟津以東，土性疏薄，兼帶沙鹵，又失導洩之方，崩潰決溢可翹足而待。近歲亳、潁之民幸河北徙，有司不能遠慮，失於規劃，使陂灣悉爲陸地。東至杞縣三叉口，播河爲三，分殺其勢，蓋亦有年。往歲歸德太康建言相次湮塞，南北二叉遂使三河之水合而爲一。下流既不通暢，自然上溢爲災。由是觀之，是自奪分泄之利，故其上下決溢至今莫除。度今水勢趨下，有復鉅野、梁山之意，蓋河性遷徙無常，苟不爲遠計預防，不出數年，曹、濮、濟、鄆蒙害必矣。今之所謂治水者，徒而議論紛紜，咸無良策。水監之官，既非精選，知河之利害者，百無一二。雖每年累驛而至，名爲巡河，徒應故事。問地形之高下則懵不知，訪水勢之利病則非所習。既無實才，又不經練。乃或妄興事端，勞民動衆，阻逆水性，翻爲後患。爲今之計，莫若於汴梁置都水分監，妙選廉幹深知水利之人，專職其任，量存員數，頻爲巡視，謹其防護。可疏者疏之，可堙者堙之，可防者防之。職掌既專，則事功可立。較之河已決溢，民已被害，然後鹵莽修治以勞民者，烏可同日而語哉？

仁宗

延祐元年八月，河南等處行中書省言：黃河涸露，舊水泊汙池多爲勢家所據，忽遇泛溢，水無所歸，遂致爲害。由此觀之，非河犯人，人自犯之。擬差知水利都水監官與行省廉訪司同相視，可以疏闢隄障。比至泛溢，先加修治，用力少而成功多。又汴梁路睢州諸處決破河口數十，內開封縣小黃村計會月隄一道，都水分監修築障水隄堰，所擬不一。宜委請行省官與本道憲司、汴梁路都水分監官及州縣正官親歷按驗，從長講議。上自河陰，下至陳州，與拘該州縣官一同沿河相視。開封縣小黃村河口測量比舊淺減六尺。陳留、通許、太康舊有蒲葦之地，後因閉塞西河、塔河諸水口以便種蒔，故他處連年潰決。各官公議治水之道，惟當順其性之自然。嘗聞大河自陽武、胙城，由白馬河間東北入海，歷年既久，遷徙不常。每歲泛溢，兩岸時有衝決。強爲閉塞，正及農忙，科椿稍，發丁夫，動至數萬，所費不可勝紀，其弊多端。郡縣嗷嗷，民不聊生。蓋黃河善遷徙，惟宜順下疏泄。今相視，上自河陰，下抵歸德，經夏水漲甚於常年。以小黃村口分洩之故，並無衝決，此其明驗也。詳視陳州最爲低窪，瀕河之地今歲麥禾不收，民饑特甚。欲爲拯救，奈下流無可疏之處。若將小黃村河口閉塞，必移患隣郡。決上流南岸，則汴梁被害。決下流北岸，則山東可憂。事難兩全，當以小就大。如免陳州差税，賑其饑民，陳留、通許、太康縣被災之家依例取勘賑恤。其小黃村河口仍舊通疏外，據修築月隄并障水隄閉河口，別難議擬。於是凡汴梁所轄州縣河隄，或已修治及當疏通與補築者，條例具備。

五年正月，河北河南道廉訪副使奧屯言：「近年河決杞縣小黃村口，滔滔南流，莫能禦遏。陳、潁瀕河，膏腴之地浸没，百姓流散。今水迫汴城，遠無數里。儻值霖雨水溢，倉卒何以防禦？方今農隙，宜爲講究，使水歸故道，達於江淮。不惟陳、潁之民得遂其生，竊恐將來浸灌汴城，其害匪輕。」於是大司農下都水監移文汴梁分監修治，自六年二月十一日興工至三月九日工畢，總計北至槐疙疸兩舊堤，下廣十六步，上廣四步，高一丈六尺爲一工。堤南至窰務汴堤，通長二十里二百四十三步，仞修護城堤一道，長七千四百四十三步。下地修堤，東二十步外取土[一]，内河溝七處，深淺高下闊狹不一，計工二十五萬三千六百八十，用夫八千四百五十三，除風雨妨工，三十日畢。内疏水河溝南北闊二十步，水深五尺。河内修堤，底闊二十四步，上廣八步，高一丈五尺，積十二萬尺。取土稍遠，四十尺爲一工，計三萬工。用夫百人，每步用大椿二，計四十，各長一丈二尺，徑四寸。每步雜草千束,計二萬。每步籤樁四,計八十,各長八尺,徑三寸。水手二十,木匠二,大船二艘,梯钁一副,繩索畢備。

七年七月,河決塔海莊東堤、蘇村及七里寺等處。本省平章站馬赤親率本路及都水監官併工修築,於至治元年正月興工修隄岸四十六處。該役一百二十五萬六千四百九十四工,凡用夫二萬一千四百一十三人。

文宗

至順元年六月,曹州濟陰縣言魏家道口決,卒未易修,先差補築磨子口、朱從、馬頭、西舊隄工畢。郝承務又言魏家道口、塼堈等村缺破,隄堰累下,樁土衝洗不存。若復閉築,緣缺隄周回皆泥淖,人不可居,兼無取土之處。又沛郡安樂等保,去歲旱災,缺食,難於差倩。其不經水害,民人先已遍差,似難重役。如候秋凉水退,倩夫修理,庶蘇民力。今衝破新舊隄七處,共計用夫六千三百四人,樁九百九十,葦箔一千三百二十,草一萬六千五束。六十尺爲一工,度五十日可畢。九月三日興工,新馬頭孫家道口障水隄堰又壞,添差二千人,與武城、定陶二縣分築。又於本處刱築月隄一道,外有元料塀頭魏家道口外隄未築,候來春併工修理。

順帝

至正六年,河決,尚書李絧請躬祀郊廟,近正人,遠邪佞,以崇陽抑陰,不聽。

九年冬,脫脫既復爲丞相,慨然有志於事功。論及河決,即言于帝請躬任其事,帝嘉納之。及命集群臣議廷中,而言人人殊。唯都漕運使賈魯昌言必當治[二]。先是,魯嘗爲山東道奉使宣撫首領官,循行被水郡邑,具得修捍成策[三]。後又爲都水使者,奉旨詣河上相視，驗狀爲圖，以二策進獻：一議修築北隄，以制横潰，其用工省；一議疏塞並舉，挽河使東行，以復故道，其功費甚大。及是，復以二策對[四]，脫脫韙其後策[五]。於是遣工部尚書成遵與大司農禿魯行視河，議其疏塞之方以聞。遵等自濟、濮、汴梁、大名行數千里，掘井以量地之高下，測岸以究水之淺深，博采輿論，以講河之故道斷不可復，且曰："山東連歉，民不聊生，若聚二十萬衆於此地，恐他日之憂又有重於河患者。"時脫脫先入魯言，及聞遵等議，怒曰："汝謂民將反邪？"自辰至酉，論辯終莫能入。明日執政謂遵曰："修河之役，丞相意已定，且有人任其責。公勿多言，幸爲兩可之議。"遵曰："腕可斷，議不可易。"遂出遵河間塩運使。議定，乃薦魯于帝，大稱旨。

十一年四月，命魯爲總治河防使。是月二十二日鳩工，七月疏鑿成，八月決水故河，九月舟楫通行，十一月水土工畢，諸埽諸堤成，河乃復故道，南匯于淮，又東入於海。帝遣貴臣報祭河伯，召魯還京師，論功超拜榮禄大夫、集賢太學士，其宣力諸臣遷賞有差。賜丞相脫脫世襲荅刺罕之號，特命翰林學士承旨歐陽玄製《河平碑》文以旌勞績。玄既爲河平之碑文，自以爲司馬遷、班固記《河渠》《溝洫》，僅載治水之道，不言其方，使後世任斯事者無所考則，乃從魯訪問方略，及詢過客，質吏牘，作《至正河防記》，欲使來世罹河患者按而求之。其言曰：治河一也，有疏、有濬、有塞，三者異焉。釃河之流，因而導之，謂之疏；去河之淤，因而深之，謂之濬；抑河之暴，因而扼之，謂之塞。疏濬之別有四，曰生地、曰故道、曰河身、曰減水河。生地有直有紆，因直而鑿之，可就故道[六]。故道有高有卑，高者平之以趨卑，高卑相就，則高不壅卑不瀦，慮夫壅生潰、瀦生埋也。河身者，水雖通行，身有廣狹，狹難受水，水溢悍，故狹者以計闢之。廣難爲岸，岸善崩，故廣者以計禦之。減水河者，水放曠則以制其狂，水隳

突則以殺其怒。治隄一也,有刱築、修築、補築之名,有刺水隄,有截
河隄,有護岸隄,有縷水隄,有石船隄。治埽一也,有岸埽、水埽,有
龍尾、攔頭、馬頭等埽。其爲埽臺及推捲、牽制、薶掛之法,有用土、
用石、用鐵、用草、用木、用椿、用絙之方。塞河一也,有缺口,有豁
口,有龍口。缺口者,已成川。豁者,舊常爲水所豁,水退則口下於
隄,水漲則溢出於口。龍口者,水之所會,自新河入故道之源也。此
外不能悉書。因其用工之次第,而就述於其下焉。其濬故道,深廣
不等,通長二百八十里百五十四步而強。功始自白茅,長百八十里,
繼自黃陵岡至南白茅〔七〕,闢生地十里。口初受,廣百八十步,深二
丈有二尺。已下停,廣百步,高下不等,相折深二丈及泉。曰停、曰
折者,用古筭法,因此推彼,知其勢之低昂,相準折而取匀停也。南
白茅至劉莊村,接入故道十里,通折墾廣八十步,深九尺。劉莊至專
固,百有二里二百八十步,通折停廣六十步,深五尺。專固至黃固,
墾生地八里,面廣百步,底廣九十步,高下相折,深丈有五尺。黃固
至哈只口,長五十一里八十步,相折停廣墾十步〔八〕,深五尺。乃濬
凹里減水河,通長九十八里百五十四步。凹里村缺河口生地,長三
里四十步,面廣六十步,底廣四十步,深一丈四尺。凹里生地以下,
舊河身至張瓚店,長八十二里五十四步。上三十六里,墾廣二十步,
深五尺;中三十五里,墾廣二十八步,深五尺;下十里二百四十步,墾
廣二十六步,深五尺。張瓚店至楊青村接入故道,墾生地十有三里
六十步,面廣六十步,底廣四十步,深一丈四尺。其塞專固缺口,修
隄三重,并補築凹里減水河南岸豁口,通長二十里三百十有七步。
其刱築河口前第一重西隄,南北長三百三十步,面廣二十五步,底廣
三十三步,樹置椿橛,實以土牛、草葦,雜稍相兼,高丈有三尺,隄前
置龍尾大埽。言龍尾者,伐大樹,連稍繫之隄旁,隨水上下,以破囓

岸浪者也。築第二重正隄，并補兩端舊隄，通長十有一里三百步。
缺口正隄長四里，兩隄相接，舊隄置椿，堵閉河身，長百四十五步，用
土牛、葦草、稍土相兼修築，底廣三十步，修高二丈。其岸上土工修
築者，長三里二百十有五步有奇，廣狹不等，通高一丈五尺。補築舊
隄者，長七里三百步，表裏倍薄七步，增卑六尺，計高一丈。築第三
重東後隄，并接修舊隄，高廣不等，通長八里。補築凹里減水河南岸
谽口四處，置椿木，草土相兼〔九〕，長四十七步，於是隄塞黃陵全河，
水中及岸上修隄長三十六里百三十八步〔一〇〕，其修大隄刺水者二，
長十有四里七十步。其西復作大隄刺水者一，長十有二里百三十
步。內朒築岸上土隄，西北起李八宅西隄，東南至舊河岸，長十里百
五十步，顛廣四步，趾廣三尺，高丈有五尺。仍築舊河岸至入水隄，
長四百三十步，趾廣三十步，顛殺其六之一，接修入水。兩岸埽隄並
行。作西埽者，夏人水工，徵自靈武；作東埽者，漢人水工，徵自近
畿。其法以竹絡實以小石，每埽不等〔一一〕，以蒲葦綿腰索徑寸許者
從鋪，廣可一二十步，長可二三十步。又以曳埽索綯徑三寸或四寸、
長二百餘尺者衡鋪之相間，復以竹、葦、麻、檾大縴長百尺者爲管心
索，就繫綿腰索之端於其上，以草數千束，多至萬餘，勻布厚鋪於綿
腰索之上，索而納之。丁夫數千，以足踏實，推捲稍高，即以水工二
人立其上而號於衆，衆聲力舉，用小大推梯推捲成埽，高下長短不
等，大者高二丈，小者不下丈餘。又用大索或互爲腰索〔一二〕，轉致河
濱，選健丁操管心索，順埽臺立踏，或掛之臺中鐵貓大橛之上，以漸
縋之下水。埽後掘地爲渠，陷管心索渠中，以散草厚覆，築之以土，
其上復以土牛、雜草、小埽稍土，多寡厚薄，先後隨宜。修疊爲埽臺，
務使牽制上下，縝密堅壯，互爲犄角，埽不動搖。日力不足，火以繼
之〔一三〕。積累既畢，復施前法。捲埽以壓先下之埽，量水淺深，制埽

厚薄,疊之多至四埽而止。兩埽之間置竹絡,高二丈或三丈,圍四丈
五尺,實以小石、土牛,既滿,繫以竹纜,其兩旁並埽密下大樁,就以
竹絡上大竹腰索,繫於樁上。東西兩埽及其中竹絡之上,以草土等
物築爲埽臺,約長五十步或百步。再下埽,即以竹索或麻索長八百
尺或五百尺者一二,雜厠其餘管心索之間,候埽入水之後,其餘管心
索如前薶掛,隨以管心長索遠置五七十步之外,或鐵猫,或大樁,曳
而繫之,通管束累日所下之埽,再以草土等物通修成隄,又以龍尾大
埽密掛於護隄大樁,分析水勢,其隄長二百七十步,北廣四十二步,
中廣五十五步,南廣四十二步,自顛至趾通高三丈八尺。其截河大
隄,高廣不等,長十有九里百七十七步。其在黃陵北岸者,長十里四
十一步。築岸上土隄[一四],西北起東西故隄,東南至河口,長七里九
十七步,顛廣六步,趾倍之而強二步,高丈有五尺,接修入水,施土
牛[一五]、小埽,稍草雜土,多寡厚薄隨宜修疊,及下竹絡,安大樁,繫
龍尾埽,如前兩隄法。唯修疊埽臺,增用白闌小石。并埽上及前泝
修埽隄一,長百餘步,直抵龍口。稍北攔頭三埽並行埽、大隄,廣與
刺水二隄不同,通前列四埽,間以竹絡,成一大隄,長二百八十步,北
廣百一十步,其顛至水面高丈有五尺,水面至澤復高二丈五尺,通高
三丈五尺。中流廣八十步,其顛至水面高丈有五尺,水面至澤復高
五丈五尺,通高七丈。並紉築縷水橫隄一,東起北截河大隄,西抵西
刺水大隄。又一隄東起中刺水大隄,西抵西刺水大隄,通長二里四
十二步,亦顛廣四步,趾三之,高丈有二尺。修黃陵南岸,長九里百
六十步,內紉岸土隄,東北起新補白茅故隄,西南至舊河口,高廣不
等,長八里二百五十步,乃入水作石船大隄。蓋由是秋八月二十九
日乙巳,道故河流,先所修北岸西中刺水及截河三隄猶短,約水尚
少,力未足恃,決河勢大,南北廣四百餘步,中流深三丈餘,溢以秋漲

水多,故河十之有八。兩河爭流,近故河口,水刷岸北行,洄漩湍激,難以下埽。且埽行或遲,恐水盡湧入決河,因淤故河,前功遂隳。魯乃精思障水入故河之方,以九月七日癸丑,逆流排大船二十七艘,前後連以大桅或長椿,用大麻索、竹絙絞縛,綴爲方舟。又用大麻索、竹絙,用船身繳繞上下,令牢不可破,乃以鐵猫於上流硾之水中。又以竹絙絶長七八百尺者繫兩岸大橛上,每絙或硾二舟,或三舟,使不得下,船復略鋪散草,滿貯小石,以合子板釘合之,復以埽密布合子板上,或二重,或三重,以大麻索縛之急,複縛橫木三道於頭桅[一六],皆以索維之,用竹編笆,夾以草石立之桅前,約長丈餘,名曰水簾桅。復以木楮柱,使簾不偃仆。然後選水工便健者,每船各二人,執斧鑿,立船首尾,岸上槌鼓爲號,鼓鳴,一時齊鑿,須臾舟穴水入。舟沉遏決河,水怒溢,故河水暴增,即重樹水簾,令後復布小埽、土牛、白闌、長梢,雜以草土等物,隨以填垜以繼之。石船下詣實地,出水基趾漸高,復卷大埽以壓之。前船勢略定,尋用前法,沉餘船以竟後功。昏曉百刻,役夫分番,甚勞,無少間斷。船隄之後,草埽三道並舉,中置竹絡盛石,並埽置椿繫纜,四埽及絡,一如修北截水隄之法。第以中流水深數丈,用物之多,施工之大,數倍他隄。船隄距北岸纔四五十步,勢迫東河,流峻若自天降,深淺叵測,於是先卷下大埽約高二丈者,或四或五,始出水面,修至河口一二十步,用功尤難。薄龍口喧豗猛疾,勢撼埽基,陷裂欹傾,俄遠故所,觀者股弁,衆議騰沸,以爲難合,然勢不容已。魯神色不動,機解捷出,進官吏工徒十餘萬人,日加獎諭,辭旨墾至,衆皆感激赴功。十一月十一日丁巳,龍口遂合,決河絶流,故道復通。又於隄前通卷攔頭埽各一道,多者或三或四,前埽出水,管心大索繫前埽硾後,攔頭埽之後,後埽管心大索亦繫小埽硾前,攔頭埽之前,後先羈縻,以錮其勢。又於所交索上及兩埽之間壓以小石、白闌、土牛，草土相半，厚薄多寡相勢措置。
埽隄之後，自南岸復修一隄，抵已閉之龍口，長二百七十步。船隄四
道成隄，用農家塲圃之具曰轆軸者穴石立木如比櫛，薶前埽之旁，每
步置一轆軸，以橫木貫其後，又穴石以徑二寸餘麻索貫之，繫橫木
上，密掛龍尾大埽，使夏秋潦水、冬春凌薄不得肆力於岸。此隄接北
岸截河大隄，長二百七十步，南廣百二十步，顚至水面高丈有七尺，
水面至澤復高四丈二尺，中流廣八十步，顚至水面高丈有五尺，水面
至澤復高五丈五尺，通高七丈。仍治南岸護隄埽一道，通長百三十
步。南岸護岸馬頭埽三道，通長九十五步。修築北岸隄防，高廣不
等，通長二百五十四里七十一步。白茅河口至板城，補築舊隄，長二
十五里二百八十五步。曹州板城至英賢村等處，高廣不等，長一百
三十三里二百步。稍岡至碭山縣，增培舊隄，長八十五里二十步。
歸德府哈只口至徐州路三百餘里，修完缺口一百七處，高廣不等，積
修計三里二百五十六步。亦思剌店縷水月隄，高廣不等，長六里三
十步。其用物之凡，椿木大者二萬七千，榆柳雜稍六十六萬六千，帶
稍連根株者三千六百，藁秸蒲葦雜草以束計者七百三十三萬五千有
奇，竹竿六十二萬五千，葦蓆十有七萬二千，小石二十艘，繩索小大
不等五萬七千，所沉大船百有二十，鐵纜三十有二，鐵猫三百三十有
四，竹篦以斤計者十有五萬，硾石三千塊，鐵鑽萬四千二百有奇，大
釘三萬三千二百三十有二。其餘若木龍、蠲椽木、麥稭、扶椿、鐵叉、
鐵弔、枝麻、搭火鈎、汲水、貯水等具皆有成數。官吏俸給、軍民衣糧
工錢，醫藥、祭祀、賑恤、驛置馬乘及運竹木、沉船、渡船、下椿等工，
鐵、石、竹、木、繩索等匠傭貲，兼以和買民地爲河，倂應用雜物等價，
通計中統鈔百八十四萬五千六百三十六錠有奇。魯嘗有言："水工
之功視土工之功爲難，中流之功視河濱之功爲難，決河口視中流又

難，北岸之功視南岸爲難。用物之效，草雖至柔，柔能狎水，水漬之生泥，泥與草并，力重如碇。然維持夾輔、纜索之功實多。"盖由魯習知河事，故其功之所就如此。玄之言曰："是役也，朝廷不惜重費，不吝高爵，爲民辟害。脱脱能體上意，不憚焦勞，不恤浮議，爲國拯民。魯能竭其心思知計之巧，乘其精神膽氣之壯，不惜劬瘁，不畏譏評，以報君相知人之明。宜悉書之，使職史氏者有所考證也。"先是歲庚寅，河南北童謡云："石人一隻眼，挑動黃河天下反〔一七〕。"及魯治河，果於黃陵岡得石人一眼，而汝穎之妖寇乘時而起〔一八〕。議者往往以謂天下之亂皆由賈魯治河之役勞民動衆之所致，殊不知元之所以亡者，實基於上下因循，狃於晏安之習，紀綱廢弛，風俗偷薄。其致亂之階，非一朝一夕之故，所由來久矣。不此之察，乃獨歸咎於是役，是徒以成敗論事，非通論也。設使賈魯不興是役，天下之亂詎無從而起乎？故今具録玄所記，庶來者得以詳焉。

校勘記：

〔一〕"土"，原書作"上"，據《元史》改。

〔二〕"唯"，原書作"難"，據《元史》改。"必"，原書作"畢"，據《元史》改。

〔三〕"捍"，原書作"擇"，據《元史》改。

〔四〕"二"，原書作"一"，據《元史》改。

〔五〕"後"，原書作"發"，據《元史》改。

〔六〕"可就"，原書湮没，據《至正河防記》補。

〔七〕"白"，原書作"北"，據《元史》及下文改。

〔八〕"十步"，《元史》作"六十步"。

〔九〕"土"，原書闕，據《元史》補。

〔一〇〕"三十八步"，《元史》作"三十六步"。

〔一一〕"不",原書作"下",據《治河方略》改。

〔一二〕"互",原書作"五",據《元史》改。

〔一三〕"火",原書作"大",據《元史》改。

〔一四〕"土",原書作"上",據《元史》改。

〔一五〕"牛",原書作"字",據《元史》改。

〔一六〕"複縛",原書作"腹縛",據《元史》改。

〔一七〕"黄",原書闕,據《元史》補。

〔一八〕"汝",原書作"如",據《元史》改。

治河通考卷之九

議河治河考

諸儒總論

吕祖謙曰:"禹不惜數百里地疏爲九河,以分其勢。善治水者,不與水争地也。"

余闕曰:"中原之地平曠夷衍,無洞庭、彭蠡以爲之匯,故河嘗横潰爲患,其勢非多爲之委以殺其流,未可以力勝也。故禹之治河,自大伾而下則析爲三渠,大陸而下則播爲九河,然後其委多,河之大有所瀉,而其力有所分,而患可平也。此禹治河之道也。自周定王時河始南徙,訖於漢而禹之故道失矣,西京時受害特甚。雖以武帝之才,乘文景富庶之業,而一瓠子之微終不能塞,付之無可奈何而後已。自瓠子再決,而其流爲屯氏諸河,其後河入千乘而德、棣之河又播爲八。漢人指以爲太史馬頰者,是其委之多,河之大有所瀉,而力有所分,大抵偶合於禹所治河者。由是而訖東都至唐,河不爲害者千數百年。至宋時河又南決,南渡時又東南以入于淮。以河之大且力,惟一淮以爲之委,無以瀉而分之,故今之河患與武帝時無異。自

宋南渡時至今訖元，殆二百年，而河旋北，乃其勢然也。建議者以爲
當築隄起漕，南訖嘉祥，東西三百里，以障河之北流，則漸可圖以導
之使南，廟堂從之。非以南爲壑也，其慮以爲河之北則會通之漕廢。
予則以爲河北而會通之漕不廢，何也？漕以汶而不以河也。河北則
汶水必微，微則吾有制而相之，亦可以舟可以漕。《書》所謂‘浮于
汶，達于河’者是也。蓋欲防鉅野而使河不妄行，俟河復千乘，然後
相水之宜而修治之。”

　　宋濂《治河議》曰：“比歲河決不治，上深憂之，既遣平章政事嵬
名、御史中丞李某〔一〕、禮部尚書泰不花沉兩珪及白馬以祀〔二〕，又置
都水監專治河事，而績用未之著，乃下丞相會廷臣議，其言人人殊。
濂則委以殺其流未可以力勝也，何也？河源自吐蕃朶甘思西鄙方七
八十里，有泉百餘泓，若天之列宿然，曰火敦腦兒，譯言星宿海也。
自海之西，腦兒二澤又東流爲赤賓河，而赤里出之水西合，忽闌之水
南會也，里尤之水復至自東南，於是其流漸大，曰脫可尼，譯云黃河
也。河之東行，又岐爲九派，曰也孫幹倫，譯云九渡也，水尚清淺可
涉。又東約行五百里，始寖渾濁，而其流益大。朶甘思東北鄙有大
山，四時皆積雪，曰亦耳麻莫不剌，又曰騰乞里塔，譯云崑崙也，自九
渡東行可三千里。崑崙之南又東流過闊即提二地，至哈剌別里赤，
與納鄰哈剌河合，又合乞兒、馬出二水，乃折流轉西，至崑崙北。既
復折而東北，流至貴德州，其地名必赤里。自崑崙至此，不啻三千里
之遠。又約行三百里至積石。從積石上距星宿海，蓋六千七百有餘
里矣。其來也既遠，其注也必怒，故神禹導河自積石歷龍門，南到華
陰，東下底柱及孟津、洛、汭，至於大伾而下釃爲二渠。北載之高地，
過降水，至於大陸，播爲九河，趨碣石入于渤海。然自禹之後無水患
者七百七十餘年，此無他，河之流分而其勢自平也。周定王時，河徙

砂礫,始改其故道,九河之迹漸致湮塞。至漢文時,決酸棗,東潰金堤。孝武時,決瓠子,東南注鉅野,通于淮泗,汎郡十六,害及梁楚,此無他,河之流不分而勢其益橫也。逮乎宣房之築,道河北行二渠,復禹故迹,其後又爲疏屯氏諸河,河與入于千乘間德棣之河,復播爲八,而八十年又無水患矣。及成帝時,屯氏河塞,又決於館陶及東郡金堤,泛濫兗、豫,入平原、千乘、濟南,凡灌四郡三十二縣。由是而觀,則河之分不分,而其利害昭然,又可覩已。自漢至唐,平決不常,難以悉議,至于宋時河又南決,南渡之後遂由平城合汴泗,東南以入淮,而向之故道又失矣。夫以數千里湍悍難治之河,而欲使一淮以疏其怒,勢萬萬無此理也。方今河破金堤,輸曹鄆,地幾千里悉爲巨浸,民生墊溺,比古爲尤甚,莫若浚入舊淮河,使其水流復于故道,然後道入新濟河,分其半水,使之北流以殺其力,則河之患可平矣。譬猶百人爲一隊則力全,莫敢與爭鋒;若以百分而爲十,則頓損;又以十各分爲一,則全屈矣。治河之要孰踰此?然而開闢之初,洪水泛濫於天下,禹出而治之,始由地中行耳。蓋財成天地之化,必資人工而後就。或者不知,遂以河決歸于天事,未易以人力強塞,此迂儒之曲説,最能償事者也。濂竊憤之,因備著河源,以見河勢之深且遠,不分其流不可治者。如此倘有以聞於上,則河之患庶幾其有瘳乎!雖然,此非濂一人之言也,天下之公言也。"

　　丘公《大學衍義補》曰:"抑通論之,周以前河之勢自西而東而北,漢以後河之勢自西而北而東,宋以後迄于今則自西而東而又之南矣。河之所至,害以隨之,恤民患者,烏可不隨其所在而除之哉?《禮》曰:'四瀆視諸侯。'謂之瀆者,獨也。以其獨入于海,故江河淮濟皆名以瀆焉。今以一淮而受大黃河之全,蓋合二瀆而爲一也。自宋以前,河自入海尚能爲並河州郡之害,況今淮海合一,而清口又合

沁、泗、沂三水，以同歸於淮也哉？曩時河水猶有所瀦，如鉅野、梁山
等處猶有所分，如屯氏、赤河之數雖以元人排河入淮，而東北入海之
道猶微有存焉者，今則以一淮而受衆水之歸，而無涓滴之滲漏矣。
且我朝建國幽燕，漕東南之粟以實京師，必由博濟之境，則河決不可
使之東行，一決而東則漕渠乾涸，歲運不繼，其害非獨在民生，且移
之國計矣。今日河南之境自滎陽、原武，由西迄東，歷睢陽、亳、潁以
迄於濠淮之境，民之受害而不聊生也甚矣！坐視而不顧與，則河患
日大，民生日困；失今不理，則日甚一日，或至於生他變。設欲興工
動衆，疏塞並舉，則又恐費用不貲，功未必成而坐成困斃。然則爲今
之計奈何？孟子曰：‘禹之治水，水之道也。’又曰：‘禹之治水也，行
其所無事也。’古今治水者要當以大禹爲法。禹之導河，既分一爲
九，以分殺其洶湧之勢，復合九爲一，以迎合其奔放之衝。萬世治水
之法，此其準則也。後世言治河者，莫備於賈讓之三策，然歷代所用
者不出其下策，而於上中二策蓋罕用焉，往往違水之性、逆水之勢而
與水爭利，其欲行也强而塞之，其欲止也强而通之。惜微眇之費，而
忘其所損之大；護已成之業，而興夫難就之功。損民力於無用，糜民
財於不貲，苟顧目前，遑恤其後？非徒無利而反有以致其害，因之以
召禍亂，亦或有之，顧又不如聽其自然而不治之爲愈也。臣愚以爲
今日河勢與前代不同，前代只是治河，今則兼治淮矣。前代只是欲
除其害，今則兼資其用矣。況今河流所經之處，根本之所在，財賦之
所出，聲名文物之所會，所謂中國之脊者也，有非偏方僻邑所可比，
烏可置之度外，而不預有以講究其利害哉？臣願明詔有司，博求能
浚川疏河者徵赴公車，使各陳所見，詳加考驗，預見計定，必須十全
然後用之。夫計策雖出於衆，而剛斷則在於獨擇之審，言之篤而用
之專，然後能成功耳。不然作舍道傍，甲是乙非，又豈能有所成就

哉？臣觀宋儒朱熹有曰：'禹之治水，只是從低處下手，下面之水盡
殺，則上面之水漸淺。'臣因朱氏之言而求大禹之故，深信賈讓上中
二策以爲可行。盖今日河流所以泛溢以爲河南潏没無窮之害者，良
以兩瀆之水既合爲一，衆山之水又併以歸，加以連年霖潦歲歲增益，
去冬之沮洳未乾，嗣歲之潢潦繼至，疏之則無所於歸，塞之則未易防
遏，遂使平原匯爲巨寖，桑麻菽粟之塲變爲波浪魚鼈之區，可嘆也
已。伊欲得上流之消洩，必先使下流之疏通。國家誠能不惜棄地，
不惜動民，舍小以成其大，棄少以就夫多，權度其得失之孰急，乘除
其利害之孰甚，毅然必行，不惑浮議，擇任心膂之臣，委以便宜之權，
俾其沿河流、相地勢，於其下流迤東之地擇其便利之所，就其汙下之
處，條爲數河，以分水勢。又於所條支河之旁地堪種稻之處，依江南
法創爲圩田，多作水門引水以資灌溉。河既分疏之後，水勢自然消
减，然後從下流而上於河身之中，去其淤沙，或推而盪滌之，或挑而
開通之，使河身益深，足以容水，如是則中有所受，不至於溢出，而河
之波不及於陸。下有所納，不至於束隘，而河之委易達於海。如是
而又委任得人，規置有法，積以歲月，因時制宜，隨見長智，則害日除
而利日興，河南、淮右之民庶其有瘳乎！或曰：'若行此策是無故捐
數百里膏腴之地，其間破民廬舍，壞民田囿，發人墳墓，不止一處，其
如人怨何？'嗚呼！天子以天下爲家，一視同仁，在此猶在彼也。普
天之下，何者而非王土？顧其利害之乘除孰多孰寡爾。爲萬世計不
顧一時，爲天下計不徇一方，爲萬民計不恤一人。賈讓有言，瀕河十
郡治隄，歲費萬萬，及其大決，所殘無數。如出數年治河之費，足以
業其所徙之民。大漢方制萬里，豈與河爭咫尺之利哉？臣亦以謂開
封以南至於鳳陽，每歲河水潏没中原膏腴之田，何止數十萬頃。今
縱於迤東之地開爲數河，所費近海斥鹵之地多不過數萬頃而已，兩

相比論,果孰多孰少哉？請於所開之河偶值民居則官給以地而償其室廬,偶捐民業則官倍其償而免其租稅,或與之價直,或助之工作,或徙之寬閑之鄉,或撥與新墾之田,民知上之所以勞動乎我者非爲私也,亦何怨之有哉？矧今鳳陽帝鄉,園陵所在,其所關係尤大。伏惟聖明,留意萬一,臣言可采,或見之施行,不勝幸甚。又曰:'天下之爲民害者,非特一水也。水之在天下,非特一河也。流者若江海之類,瀦者若湖陂之屬,或徙或決,或溢或潰,隄岸以之而崩,泉源以之而涸,沙土由是而淤,畛域由是而決,以蕩民居,以壞民田,皆能以爲民害也。然多在邊徼之壖,寬閑之野,曠僻之處,利害相半,或因害而得利,或此害而彼利,其所損有限,其所災有時,地勢有時而復,人力易得而修。非若河之爲河亘中原之地,其所經行皆是富庶之鄉,其所衝決皆是膏腴之産,其爲民害比諸其他尤大且久,故特以民之害歸焉。使凡有志於安民生、興民利者,知其害之有在,隨諸所在而除之,而視河以爲準焉。'"

國朝《大明會典》

黃河發源載于《元史》,其流至河南散漫泛溢,至山東峻急衝決,河防之法歷代有之。正統十三年,河溢滎陽縣,自開封府城北經曹、濮州、陽穀縣以入運河,至兗州府沙灣之東大洪之口而決,諸水從之入海。景泰四年,命官塞之,乃更作九堰八閘以制水勢,復於開封金龍口、筒瓦廂等處開渠二十里引河水東北入運河。弘治二年,復決金龍口,東北至張秋鎮入運河,而紅荊口并陳留、通許二縣水俱淤淺,復阻糧道,命官塞之。五年復決,命內臣及文武官往治,又決張秋,運河水盡入海,發丁夫數萬,於黃陵岡南浚賈魯河一帶分殺水勢,下由梁進口至丁家道口會黃河,出徐州流入運河,又從黃河南浚

孫家渡口，別開新河一道導水南行，由中牟至潁川東入于淮。又浚
四府營淤河，由陳留縣至歸德州分爲二派，一由宿遷縣小河口，一由
亳縣渦河會于淮。又從黃陵岡至楊家口築壩堰十餘，并築大名府三
尖口等處長堤二百餘里，及修南岸於家店、筒瓦廂等處堤一百六十
里始塞，張秋更名曰安平鎮。又於河東置減水石，壩下分五洞以洩
水勢。遇有淤塞損壞，管河官隨時修治。

　　欽差巡撫河南地方都察院右副都御史吳　　上疏言〔三〕：“據布、
按二司議得夏邑縣白河一帶故道淤塞，下流衝漫，見今城外已爲受
水之壑，漸成巨浸。若不急爲濬治，恐五六月之間河水勢湧，其浸没
之患有不可勝言者矣。但召募之夫一時農忙，卒難齊集，隨查管河
道簿，開封等七府所屬州縣并汝州原派河夫三萬六千三百六十五
名，正爲修河而設，相應起調濬築。除彰德、衛輝、懷慶三府隔河連
年災重，河南府汝州窵遠，俱免取用外，開封府所屬除祥符縣衝要，
封丘、延津、陽武、原武四縣凋敝，量准起調一半。其餘許州等州、陳
留等縣，與汝寧府所屬州縣并南陽府所屬裕州、舞陽、南陽、葉縣，相
離夏邑不遠，查原派河夫盡數取用，共二萬八十五名，委官管領，各
照原議深闊里數立限，二箇月工完。彰德等三府并南陽府所屬未起
河夫州縣，行令管河道查照舊規，追取曠役銀兩，收貯聽用等因，備
呈到臣。據此查得嘉靖六年間，黃河北徙小浮橋，旁枝湮塞，自曹、
單、城武等縣，楊家口、梁靖口、吳士舉等處奔潰四出，茫無津畔，徑
趨沛縣，漕河横流，昭陽湖東而水半泥沙，勢緩則停，遇坎則滯，致淤
運道三十餘里，阻滯糧運。該言官建白：敕命都御史盛調集山東、河
南、河北、直隷四省丁夫開挑趙皮寨支河以殺上流水勢，以保運道。
自蘭陽縣東北舊河身挑起，經由儀封、杞縣、睢州、寧陵縣、歸德州直
抵夏邑縣城南白河一帶，二月工完，巨細分流，運道無阻。但白河下

流舊有胡家橋一座,居民經行,彼時河水通流,前橋未拆。至嘉靖十
年八月,内有重載客船二隻順流而下,水勢洶湧,撐挽不及,撞沉橋
下,以致河口壅塞,洪水四散,橫流將夏邑等縣居民田廬淹没。嘉靖
十一年正月十五日,臣入境撫臨該縣,據軍民崔鑑等連名告稱:縣南
白河淤塞,上自歸德州地名文家集起,至永城縣止。本縣田廬淹没
六十餘里,寬二十餘里,縣治週圍俱被水占,柴米價貴,民心驚惶,恐
今歲夏秋水發,城池難保。乞調河夫,坐委官員,將胡家橋拆毀,濬
通河身,仍修禦水大堤,使水行地中,民得安業等情。已行委開封府
推官張瓘前去踏勘,覆批守巡各道會議。議稱白河原係黃河故道,
先經挑濬,船筏通行。嘉靖十年八月,内黃河逆流,日漸淤塞,上自
何家營,下至胡家橋,計四十餘里,河身已成平地,橋口不復流水,散
漫橫流,淹没民田,委與軍民崔鑑等所告,推官張瓘所呈相同。估議
調募丁夫三萬名,委官管領分工挑濬,勒限三箇月工完等因。臣尤
恐不的,又委開封府知府顧鐸親詣踏勘,呈稱原議夫數自胡家橋起
工,至何家營止共計六百工,每工五十尺,每尺夫一名,共該夫三萬
名,刻限三箇月。今查得歸德等州縣各先到夫役每一名分一尺,自
二月二十五日上工至三月初四日,僅十日即完一半,大約二十日可
完一工,議止用夫二萬名,兩月工完等因。該臣看得前項事體重大,
又經批行布、按二司掌印官會議去後,今據前因,臣會同巡按河南監
察御史王儀看得嘉靖六年間黃河衝決,致傷沛縣漕渠,乃開濬趙皮
寨白河一帶,所以分殺水勢以保護運道,以奠安民居。迄今纔及五
年,下流淤塞,洪水奔潰,四散彌漫,淹没田廬週圍六十餘里,害及夏
邑、虞、永等縣。蓋彼時雖曾委官疏濬,率多苟簡,中有橋梁不行撤
去,河口窄狹,弗能容納,一遇阻礙,遂爾橫流,致有今日之患。若不
早爲計處,誠恐伏水盛發,泛溢尤甚。近而夏邑等縣將爲魚鼈之區,

遠而衆水併流全河獨下，萬一衝決，其害又有不可勝言者。譬之拯
溺救焚不可時刻遲緩，事干民瘼國計，除臣等嚴督布、按二司并守巡
管河等官，調集丁夫，委官管領，前去分工挑濬外，緣係地方水患事
理，謹具題知。"

　　嘉靖十一年三月二十五日，欽差總理河道都察院右僉都御史戴
上疏，爲備陳黄河事宜以寬聖慮事："臣歷魚臺縣按視新隄工程及
黄河水勢，適新水泛漫，兩涯無土，工力難施，乃捨舟陸行，由金鄉縣
歷曹、武入河南界，開挑梁靖口，通賈魯舊河，闢趙皮寨，越汴梁，抵
孫家渡，隨處分派丁夫，督以官屬。蓋欲疏濬上流分殺水勢，徐爲下
流築塞之計。乃放舟黄河中流，遍觀大名等府舊嘗決處，返棹曹、
單，循魚臺出沙河驛，泊雞鳴臺，往來魚、沛間，督築新堤決口，時已
六月盡間矣。臣竊伏自念，頃者黄河變遷，運道阻患。陛下日夕憂
勤，乃用言官議，不以臣愚不肖，謬承其任。臣圖報無方，不敢愛死，
雖溽暑馳驅豈敢辭勞？即今各處工程雖未報功，而始終本末已得梗
槩，用敢預先上陳，庶幾少寬陛下宵旰之憂，亦臣區區犬馬之微誠
也。臣初受任時，訪求士大夫及道途來往，皆以魚臺水勢洶洶似不
可爲，乃今觀之，殊有未然。夫天下之事可以遥斷者理，而不可遥定
者形。故耳聞不如目見，意料不如身親。今議者欲尋故道而不知故
道之未可盡復，欲除近患而不知近患之未可亟去。臣請終言其説。
夫黄河遷徙，自古不常，今北自天津，南至豐、沛，無尺寸地無黄河故
道，其在當時無不受其害者。古今言治河者俱無上策，唯漢賈讓言
不與河爭尺寸之地，先儒韙之以爲至論。今必求河之故道，則禹貢
時九河乃在河間、滄、定間。隋引河水入汴，南達江淮。又引河鑿
渠，比通派郡。今涿水路絶，惟淮流如故，然已非向者之舊。漢唐皆
都關中，不借河水之用。宋以都汴，切近河災，其防河與防北寇彌費

若等,然自始迄終河患莫絶。我朝定鼎燕都,一切漕運取給東南。自淮達徐,皆藉河水之力,往年河入豐、沛,沽頭上下諸閘皆廢,而舟楫返利。今年天旱不雨,運道幾涸,濟寧以南若無魚臺之水,則漕舟非旬月可至,此河水不可無之明驗也。臣到河南,見河東北岸比西南低下不啻四五尺,若引而決之,由東平張秋入海,爲力甚易,魚臺之水涸可立待。然中梗運道,東兗以下必皆陀塞。故國家立法,盡三省之力,自開封府筒瓦廂以至考城縣流通集等處防守東北岸,如防盗賊,意固有在,然猶未也。又必如議者之説,地道變遷,九河可復,由鄭、衛、滄、景以至天津入海,庶幾河患永絶。然恐徐、淮以下一帶皆涸,尤不可之大者也。昔者禹治九河,不過達海而止,古今以行所無事稱之。今欲治河之患,而又欲借以濟吾用,使禹復治,必不用往日之法矣。臣所謂故道之不可盡復者,此也。河水所至必爲民患,今不暇遠舉,且如弘治年間河溢,曹、單淹没一二十年。至正德年間,河徙豐、沛,而後曹、單之患息又一二十年。至前年夏秋復徙魚臺,而後豐、沛之患息。今飛雲橋路絶,高過平地,又純是淤沙,人力難施,決無復通之理。縱使復通,不過移魚臺之患於豐、沛,是一患未除而一患復生也。夫河水驟至,名曰天災,人猶嗷嗷。今豐、沛之民方且息肩,又欲引水而灌注之,民其謂何?昔宋神宗時河決滄、景,司馬光議棄北流而治東流,以俟二三年河流深廣然後徐議。神宗曰:東北流之患孰爲重輕?光曰:兩地皆吾赤子,然北流已殘破而東流尚完。議者以神宗所問有君人之度,而司馬光所見得權時之宜。援古酌今,何以異此?臣所謂近患之未可亟去者,此也。臣歷考河志,洪武元年,河決舊曹州,自雙河口入魚臺縣。太祖高皇帝用兵梁、晉間,使大將軍徐達開塌塲口入于泗,以通運道。後因河口壅淤,乃修師家莊石佛諸閘。又開濟寧州西耐牢坡,接引曹、鄆黃河水，以通梁、晋之粟。永樂九年，太宗文皇帝復命刑部侍郎金純看視河勢，發河南運木丁夫開濬故道，自開封引水，復入魚臺塌場口，出穀亭北十里，以修太祖時故事，今所謂永通、廣運二閘是也。由此言之，則魚臺乃河之故道，議者偶未之考耳。爲今之計，欲治魚臺之患，必先治魚臺所以致患之本，欲治魚臺致患之本，必委魚臺以爲受水之地。盖河之東北岸與運道爲鄰，惟有西南流一由孫家渡出壽州，一由渦河出懷遠，一由趙皮寨出桃源，一由梁靖口出徐州。小浮橋往年四道俱塞，而以全河南奔，故豐、沛、曹、單、魚臺以次受害。今不治其本，而欲急除魚臺之患，臣恐魚臺之患不在豐、沛，必在曹、單間矣。然臣所以欲暫委魚臺而不治者，其説有三，其策亦有三。夫治木者先正其本，濬流者先導其源。上源既分，則下流自殺，其説一也。臣初到魚臺，夏麥已收，新水適至，被水之鄉已爲棄地，縱欲耕種須待明年。今雖不治，民不大病，其説二也。河流既久，將自成渠，因而導之，當易爲力，既免勞費無益之憂，且無東奔西突之患，其説三也。五月二十二日，臣已將梁靖口開通賈魯河。六月初五日，又將趙皮寨加闊深廣，但魚臺之功未完，以此未敢具奏。惟孫家渡雖已挑通而行水尚少，方議開濬渦河一道，議者以中經祖陵，未敢輕舉。今山、陝巨商往來汴梁者，皆由小浮橋直泝梁靖口。趙皮寨河口舊止五十餘步，今已闊一里許，下流不能容，乃至漫入夏邑，此二河皆上年所未有之事，大約河勢已殺十之三四。然魚臺之水所以未即消者，以前人議築新隄橫亘其東，無所於洩故也。臣初到時即已病之，今議於新隄開設水門數處，使入昭陽湖。及盛應期所挑新河出金溝、留城、境山，庶幾西岸之水可以少平。然一時木石俱難卒辦，聊以椿葦權宜應變而已，候秋水稍落之後另議興工。魚臺之水雖多，然皆泛漫，實未成河。其趙皮寨與開封府筒瓦廂、大名府杜勝

集等處相對,梁靖口與曹州娘娘廟、考城縣流通集等處相對。臣已
預戒官夫重加捲埽,乘此魚臺之水下壅之時逼之使西南流,一策也。
二河既通,孫家渡冬月可完,雖渦河一道,方在別議。然以其一出魚
臺,四道並行,其勢已弱,則所來之水反足以濟吾運道之不足。如往
年河出豐、沛,沽頭上下諸閘不事啓閉,而舟楫通利,一策也。萬一
溢出穀亭以北,則候其河流漸深,河渠漸廣,因而通塌塲口故道。今
永通、廣運二閘俱存,閘夫編設如故。嘉靖六七年間,曾因大水糧運
皆由此行,比與濟寧諸閘近便甚多,此可以復國初之舊。又何患焉?
一策也。夫有前三說,并此三策,故臣斷然以賈讓、司馬光之言爲可
行。然臣私憂過計,黃河變遷自古不常,以臣之愚豈能逆料於三策
之中,俱審觀事勢,爲今之計不過如此,萬一此後果如愚慮,出臣前
策,則河有西南之漸,永無運道之虞,固其上也。出臣後策,則借此
河水之力足資運道之利,亦其次也。臣材識迂踈,不逮前人,而又承
此久殘極弊之餘,東馳西驅,奔救未及。伏望陛下鑒臣愚慮,察臣愚
忠,不棄芻言,不惑流議,特與密勿大臣參議可否。使臣得以一意從
事,庶幾少畢犬馬之力,以報陛下知遇之恩。尤望陛下少寬南顧之
憂,以享和平之福,臣不勝惓惓願望候命之至。"嘉靖十一年　月。

校勘記:

〔一〕補校:"李某",底本原脫"某"字,據宋濂《文憲集》卷二十八《治河議》補。

〔二〕補校:"沉兩珪及白馬以祀",宋濂《文憲集》作"沈兩珪有邸及白馬以
　　　祀","沈""沉"爲古今字,其義固毋庸辨,然"有邸"之義待考。

〔三〕補校:"吳"字下原空一字,上文"李某"之"某"字亦作空一字。此蓋底本
　　　格式如此。下同,不復一一出校。

治河通考卷之十

理河職官考

有虞氏

舜曰:"咨四岳,有能奮庸熙帝之載,使宅百揆,亮采惠疇。"僉曰:"伯禹作司空。"帝曰:"俞咨禹,汝平水土,惟時懋哉!"禹拜稽首,讓于稷、契暨皋陶。帝曰:"俞汝往哉!"帝曰:"來,禹降水儆予,成允成功,惟汝賢。"

初,秦漢有都水長丞,主陂塘、灌溉,保守河渠。自太常少府及三輔,皆有其官。漢武帝以都水官多,乃置左右使都以領之,至漢哀帝省使者官。至東京,凡都水皆罷之,併罷河隄謁者。

漢成帝

河平元年春,杜欽薦王延世爲河隄使者,三十六日隄成,賜延世爵關內侯。

哀帝初[一],平當爲鉅鹿太守,以經明《禹貢》,使行河爲騎都尉,領河隄。

晋武帝省水衡置都水臺,有使者一人,掌舟航及運部,而河隄爲都水官屬。江左省河隄。

梁改都水使者爲大舟卿,位視中書郎卿之最末者,主舟航、河隄。陳因之。後魏初,皆有水衡都尉及河隄謁者、都水使者官。

隋煬帝河渠署置令、丞各一人。唐因之。

唐玄宗

開元十六年,以宇文融充九河使。

晋

天福二年九月,判詳定院梁文矩奏,以前汴州陽武縣主簿左墀進策十七條,可行者四,其一請於黃河夾岸仍防秋水暴漲,差上戶充堤長,一年一替,委本縣令十日一巡,如怯弱處、不早處,官旋令修補,致臨時偷決,有害秋苗,既失王租,俱爲墮事。堤長處死,縣令勒停。敕曰:“修葺河岸、深護田農,每歲差堤長檢巡,深爲濟要。逐旬遣縣令看行,稍恐煩勞。堤長可差,縣令宜止。”四月,詔曰:“近年以來,大河頻決,漂盪人戶,妨廢農桑,言念蒸黎,因茲凋弊。凡居牧皆委山河,既在封巡,所宜專功,起今後宜令沿河廣晋〔二〕。開封府尹逐處觀察,防禦使、刺史等並兼河隄使,名額任便,差選職員,分擘勾當。有堤堰薄怯,水勢衝注處,預先計度,不得臨時失於防護。”

周

顯德二年三月壬午,李穀治河堤回見。先是河水自楊劉北至博州界一百二十里連歲潰東岸,而爲派者十有二焉,復匯爲大澤,漫漫數百里。又東北壞古堤而出注齊、棣、淄、青至于海涘,壞民廬舍,占民良田,殆不可勝計。流民但收野稗,捕魚而食。朝廷連年命使視之,無敢議其功者。帝嗟東民之病,故命輔相親督其事,凡役徒六萬,三十日而罷。

宋

太祖

乾德五年正月,詔開封、大名府、鄆、澶、滑、孟、濮、齊、淄、滄、棣、濱、德、博、懷、衛、鄭等州長吏並兼本州河隄使,蓋以謹力役而重水患也。

開寶五年三月,詔曰:"朕每念河渠潰決,頗爲民患,故署使職以總領焉,宜委官聯佐治其事。目今開封等十七州府各置河隄判官一員,以本州通判充。如通判闕員,即以本州官充。"五月,河大決濮陽,又決陽武。詔發諸州兵及丁夫凡五萬人,遣潁州團練使曹翰護其役。

太宗

太平興國二年,秋七月,河決,遣左衛大將軍李崇矩騎置自陝西至滄、棣,案行水勢。三年正月,命使十七人,分治黃河隄,以備水患。滑州靈河縣河塞決,上命西閣門使郭守文率卒塞之。

七年,河大漲,詔殿前承旨劉吉馳往固之。

八年,時多陰雨,河久未塞,帝憂之,遣樞密直學士張齊賢乘傳詣白馬津,用太牢加璧以祭。十二月,滑州言決河塞,群臣稱賀。

九年春,滑州復言房村河決,乃發卒五萬,以侍衛步軍都指揮使田重進領其役,又命翰林學士宋白祭白馬津,沈以太牢加璧,未幾役成。

淳化二年三月，詔長吏以下及巡河主埽使臣經度行視河堤，勿致壞墮，違者當寘于法。

五年正月，帝命昭宣使羅州刺史杜彦鈞率兵夫鑿河開渠。

真宗

咸平三年，詔緣河官吏，雖秩滿須水落受代，知州、通判兩月一巡隄，縣令佐迭巡隄防，轉運使勿委以他職。又申嚴盜伐河上榆柳之禁。

仁宗

天聖五年，塞決河，轉運使五日一奏河事。

至和二年，以知澶州事李璋爲總管，運事使周沆權同知澶州，內侍都知鄧保吉爲鈐轄[三]，殿中丞李仲昌提舉河渠，內殿承制張懷恩爲都監。而保吉不行，以內侍押班王從善代之。以龍圖閣直學士施昌言總領其事，提點開封府界縣鎮事蔡挺勾當河渠事，楊緯同修河決。

嘉祐元年，宦者劉恢奏："六塔之役，水死者數千萬人，穿土干禁忌，且河口乃趙征村，于國姓、御名有嫌，而大興鍤厲，非便。"詔御史吳中復、內侍鄧守恭置獄于澶，劾仲昌等違詔旨，不俟秋冬塞北流而擅進約，以致決潰，懷恩、仲昌乃坐取河材爲器，懷恩流潭州，仲昌流英州，施昌言、李章以下再謫，蔡挺奪官勒停。仲昌，垂子也。

熙寧元年十一月，詔翰林學士司馬光入內侍省，副都知張茂則乘傳相度四州生堤，回日兼視六塔、二股利害。

六年四月，始置疏濬黄河司，差范子淵都大提舉，李公義爲之屬，許不拘常制，舉使臣等，人、船、木、鐵、工匠皆取之諸埽，官吏奉給視都水司，監丞司行移與監司敵體。

哲宗

元祐元年九月,詔秘書監張問相度河北水事。十月,又以王令圖領都水,同問行河。

四年,復置修河司。

五年,罷修河司及檢舉。

七年四月,詔南北外兩丞司管下河埽,今後令河北、京西轉運使、副、判官,府界提點分認,界至内河北,仍於御内帶兼管南北外都水公事。

元符三年,以張商英爲龍圖閣待制、河北都轉運使兼專功提舉河事。七月,詔商英毋治河,止釐本職,其因河事差辟官吏并罷,復置北外都水丞司。

政和五年,置提舉修繫永橋,所以開河官吏,令提舉所具功力等第,聞奏。都水孟昌齡遷工部侍郎。十月,中書省言冀州知州辛昌宗武臣不諳河事,詔以王仲元代之。十一月乙亥,臣僚言願申飭有司以月繼月,水向著隨爲隄防,益加增固,每遇漲水,水官遭臣不輟巡視,詔付昌齡。

七年六月,都水使者孟楊言裕措置開修北河,如舊修繫南北兩橋。九月丁未,詔楊專一措置,而令河陽守臣王序營辦錢糧,督其工料。

重和元年秋,雨,廣武埽危急,詔内侍王仍相度措置。

宣和四年四月壬子,都水使者孟楊言奉詔修繫三山東橋,凡役工十五萬七千八百,今累經漲水無虞。詔因橋壞失職降秩者俱復之,楊自正議大夫轉正奉大夫。

欽宗

靖康元年二月乙卯,御史中丞許翰言:"保和殿大學士孟昌齡、

延康殿學士孟揚、龍圖閣直學士孟揆父子相繼領職二十年，過惡山
積，妄設隄防之功，多張稍樁之數，窮竭民力，聚歛金帛，交結權要。
內侍王仍爲之奧主，超付名位，不知紀極。大河浮橋歲一造舟，京西
之民猶憚其役，而昌齡首建三山之策，回大河之勢，頓取百年浮橋之
費，僅爲數歲行路之觀，漂没生靈無慮萬計。近輔郡縣蕭然破殘，所
辟官吏計金敍績，富商大賈争注名牒，身不在公，遥分爵賞。每興一
役，乾没無數，省部御史，莫能鈎考。陛下方將澄清朝著，建立事功，
不先誅竄昌齡父子，無以詔示天下。望籍其姦贓，以正典刑。"詔並
落職。昌齡在外，宮觀揚、揆依舊權領都水監職事，揆候措置橋船
畢，取旨。翰復請鈎考簿書，發其姦贓。乃詔昌齡與中大夫，揚、揆
與中奉大夫。初，宋都水監判監事一人，以員外郎以上充；同判監一
人，以朝官以上充；丞二人，主簿一人，並以京朝官充。掌內外河渠
隄堰之事，輪遣丞一人出外治河埽之事，或一歲再歲而罷。其間有
諳知水政，或至三年者。置局于澶州，號曰外監寺司，押司官一人。
元豐八年，詔提舉汴河堤岸司隸本監，先是導洛入汴，專置堤岸司，
至是歸之都水司。元祐時詔南北外都水丞並以三年爲任，七年方議
回河流，乃詔河北、京西漕臣及開封府界提點各兼南北外都水事。
宣和三年，詔罷南北外都水丞司，依元豐法通差文武官一員。四年，
臣僚言都水監因恩州修河舉辟文武官至百二十餘員，授牒家居，不
省所領何事，皆乘傳給券，第功希賞。詔除正官十一員外，餘並罷，
所隸有東京四排岸司監官，各以京朝官閣門祇候以上及三班使臣，
充掌水運綱船輪納雇直之事，汴河上下鎖、蔡河上下鎖各監官一人，
以三班使臣充掌籌舟船木筏之事。天下堰總三十一監，官各一人，
渡總六十五監，官各一人，皆以京朝官三班使臣充。亦有以本處監
當兼掌者。

元

世祖

至元九年七月,衛輝河決,委都水監丞馬良弼與本路官同詣相視,修完之。

成宗

大德二年,秋七月,河決,漂歸德,遣尚書那懷、御史劉賡等塞之。

武宗

至大三年十一月,河北河南道廉訪司言於汴梁置都水分監,妙選廉幹深知水利之人,專職其任,量存員數頻爲巡視,職掌既專,則事功可立。於是省令都水監議黃河泛漲,止是一事,難與會通河爲比。先爲御河添官降印兼提點黃河,若使專一分監在彼,則有妨御河公事。況黃河已有拘該有司正官提調,自今莫若分監官吏,以十月往,與各處官司巡視缺破,會計工物督治,比年終完。來春分監新官至,則一一交割,然後代還,庶不相誤。工部議黃河爲害,難同餘水,欲爲經遠之計,非用通知古今水利之人專任其事,終無補益。河南憲司所言詳悉今都水監別無他見,止依舊例議擬,未當如量設官,精選廉幹奉公深知地形水勢者,專任河防之職,往來巡視,以時疏塞,庶可除害。省準令都水分監官專治河患,任滿交代。

仁宗

延祐元年八月,河南行中書省委太常丞郭奉政、前都水監丞邊承務、都水監卿朶兒只、河南行省石右丞、本道廉訪副使帖木赤、汴梁判官張承直,上自河陰,下至陳州,與拘該州縣官,一同沿河相視。

十一年四月初四日,下詔中外,命賈魯以工部尚書爲總治河防使,進秩二品,授以銀印,發汴梁、大名十有三路民十五萬人,廬州等戍十有八翼軍二萬人供役,一切從事,大小軍民咸禀節度,便益興繕。

國朝

或以工部尚書、侍郎、侯、伯、都督,提督運河,自濟寧分南北界,或差左右通政少卿,或都水司屬分理,又遣監察御史、錦衣衞千戶等官巡視,其沿運河之閘、泉及徐州、呂梁二洪,皆差官管理,或以御史,或以郎中,或以河南按察司官,後皆革去,而止設主事,三年一代,然俱爲漕運之河,不爲黃河也。唯總督河道大臣則兼理南北直隸、河南、山東等處黃河,亦以黃河之利害與運河關也。總督之名自成化、弘治間始,或以工部侍郎,或以都御史,常於濟寧駐劄。其河南、山東二省巡撫、都御史,則璽書所載,河道爲重務。又二省各設按察司副使一員,專理河道。山東者則以曹濮兵備帶管,其巡視南北運河御史,亦以各巡塩御史兼之,不別差也。

成化十年,令九漕河事悉聽專掌官區處,他官不得侵越,凡所徵樁草并折徵銀錢備河道之用者,毋得以別事擅支,凡府、州、縣添設通判、判官、主簿、閘壩官專理河防,不許別委。凡府、州、縣管河及閘壩官有犯行,巡河御史等官問理,別項上司不得徑自提問。

弘治二年,河徙爲二,傷及運道,擢浙江左布政使劉大夏爲都察院右副都御史修治,功不卒就。六年,河決張秋,乃復命內官監太監李興、平江伯陳銳同治,分屬方面憲臣,河南按察司副使張鼐等各統所屬兵民夫匠,築臺捲埽,工畢,賜李興禄米歲二十四石,加陳銳太保兼太子太傅,禄米歲二百石,進劉大夏右都御史理院事,及諸方面官有功者,進秩增俸有差。

正德四年九月,河決曹縣楊家口。敕命工部左侍郎崔巖會同鎮、巡議處修治。八月,巖以母喪去,更命本部右侍郎李　代之,督同方面參政史學等興工,至十一月終,以寒凍放回。次年正月,復舉。二月中旬,工將就緒,適值流賊,特命停止,侍郎李檄取回京。

正德七年,敕命都察院右副都御史劉愷總理河道,愷擢兵部侍郎,掌通政司事,回京整理,曹州等處兵備兼理河道,山東按察司副使吳漳督同曹州知州吳瓚、濟寧州同知賈存哲往來巡視,祭告河神,獲完,達撫按,請大臣總理。擢巡撫都御史趙璜爲工部右侍郎,仍兼憲職,總理其事。璜請兗州府添設同知、大名府添設通判,曹縣、城武、東明、長垣各設主簿一員,專事河防。璜具工完始末,繪圖以聞。值邊警,改命整飭直隷、永平等處武備。

校勘記:

〔一〕補校:此處自"哀帝"到"隋煬帝"行文格式上下文不同,蓋以其記事簡單,無年月可記乃改行款耳。

〔二〕補校:"起"字疑衍,考《行水金鑒》亦同。"廣晉"於義不詳,録以備考。

〔三〕補校:"鈐轄",原作"鈴轄",形近而譌,今據《宋史·河渠志》《行水金鑒》《歷代職官表》改。

附　奏章

　　欽差總理河道都察院右副都御史劉　爲會計預備嘉靖十四年河患事。照得黄河一帶，每年九月已盡，例該會計明年應修工程并合用物料人夫，各該管河副使會同該道守巡官，帶同該府知府，十月内各到河所，公同相勘。自今年十月初一日起，至明年十月終止，逐一會計某缺口該塞，某壩岸該築，或添設遙堤，或添開支河，該支椿草、合用人夫、物料各數目，議處預備，係是節年舊規，但所勘應幫應築堤岸、應濬應開河道工程，未見明開堤岸應幫者原有舊基若干里，至高闊今幫高闊各若干；其創築者，止開長若干里至丈尺，根頂各闊若干，高若干；不見估計每夫一名每一日可築堤岸各若干，方廣若干，高厚尺寸爲一工。河道應濬者，不聞原有河身若干里，深廣，今濬深廣各若干。其創開者，亦止開長若干里、底面各廣若干、深若干；亦不見估計每夫一名每一日可開可濬若干深廣尺寸爲一工，止是總計大約用人夫若干名，做工幾箇月可完，朦朧估勘。以致在河南者則冒領官銀動以數千百計，至有一官而領銀萬兩者。所費曾不及十之三四，餘銀任意侵剋。在山東、直隸者則起調人夫動以數千百計，所役亦不過十之三四，餘夫或任意賣放，或利其迯曠，却追工銀任意私收，止以畸零送官貯庫，遮掩搪塞。其夫役又多係積年包攬光棍，延引日月，罔肯用力；夯杵等項器具又多不如法，工畢之後，止以虛文報完,上下即云了事。管河各官既不親詣,亦不差官驗看堅否?以故所築堤岸多是虛土虛沙填委,止於兩傍頂面築累成堤,以致水漲即爾衝決;且即於堤根近處取土成坑,以致內水侵沒即爾傾圮。其所挑、所濬河道,泥沙即就近堆於臨河兩岸,以致兩水一經,仍歸河內,是以頻年所費財力不可殫計[一],而實效全無。年復一年,曷有紀極?間有能幹委官,修濬如法者,亦不過十之一二。本院循行廣裒已數千里,所閱亦難悉數,深切痛心。除杞縣縣丞劉時義、祥符縣主簿王應奎等已經拏問外,必須立法勘估,先行計定工程,方與支銀調夫。猶賴管河各道各官協力同心,相與圖回,方克有濟。爲此仰抄案回道,着落當該官吏照依案驗內事理,即便備呈撫按衙門,公同該道守巡等官,帶同開封府知府并府、州、縣各管河官員,依期前到河所,各帶水平筭手,公同估勘,會計堤岸,應幫者要見原有舊堤若干里至高闊,今幫根闊若干,頂闊若干,增高若干;創築者要見長若干里,至根闊若干,頂闊若干,高若干;每夫一名每一日築方廣一丈,就近四五十步外取土者,高七寸爲一工;八九十步百步外取土者,高六寸,取土遠甚及去沙取土,高五寸爲一工,仍將一丈計該若干工,然後通計長若干丈,通該若干工;河道應濬者要見原有舊河若干里至深廣,今濬深廣各若干;應創開者要見長若干里,至底面各廣若干,深若干,每夫一名每一日開方廣一丈深一尺爲一工;濬河泥水相半者,量減三之一;全係水中撈濬者,折半筭工;其取土登岸就築堤者,則深六寸爲一工,亦將一丈計該若干工,然後通計若干工,其缺口壩岸等項悉照此例估勘,及緊要受衝去處合用靠山廂邊、牛尾、魚鱗、截河土牛等埽各若干,大約該辦椿草、糝麻、柳稍、葦草等項各若干,柳稍、蘆葦應否或買或採,椿草、糝麻各除夫役該辦外,其餘應否添買,人夫通用若干,分定某州縣各若干,此外應否添派,一一備細開呈，以憑參酌施行。大約每夫一名，春自二月初一起至四月終止，秋自八月初一起至十月終止，共用工六箇月內，每月仍除風雨休息五日，春秋共做實工一百五十日，五月至七月則專預備河漲捲埽及修補緊急工程，十二月採柳，正月栽柳。在河南者則預計該修工程，先儘堡夫外，餘將附近州縣河夫預派存留，刻期調撥，徵銀隨夫上工，其餘州縣方行解銀赴道，發府貯庫以備緊急大工顧役。在直隸、山東者如該做工程數少，則先儘附近州縣人夫調用。其餘隔遠州縣人夫存留追收曠工銀每月照例六錢貯庫，做工不及六月者照例追收，工有定程，夫有定役，而勞逸適均矣。其諸程式，凡幫堤止於堤裏一面，幫築恐堤外新土，水易衝嚙，凡創築必擇地形高阜、土脉堅實者為堤根；凡取土必擇堅實好土，毋用浮雜沙泥，必於數十步外，不拘官民田地，平取尺許，毋深取成坑致妨耕種，毋仍近堤成溝致內水浸沒，必用新製石夯，每土一層用夯密築一遍，次石杵，次鐵尖杵各築一遍，覆用夯築平；凡開河濬河，泥沙必於河岸四五十步外地內平鋪，毋仍臨河，致遇雨水仍歸河內，就築堤者亦須遠河二三十步；凡河面須寬，俾水漲能容。河底須狹而深形如鍋底〔二〕，俾水由地中不致散漫淤塞，凡夫役必畫地分工，必各州各縣內仍分各鄉各里，俾同聚處，逃者即本鄉本里眾為代役。而倍責償其直，必將發去方藥，撥醫隨工，遇疾治療，每役五日即與休息一日，如有風雨即准休息，毋妨用工，毋容光棍在內。管河府官不時親閱稽考，工完仍逐段橫挖驗勘，仍呈管河。該道或親詣，或委掌印官，亦遂段橫挖測驗。不如法者，管工官坐贓問罪，痛責枷號，即提原夫重治補工，仍備呈本院，以憑委官覆勘，明示勸懲。凡事體未宜及該載未盡者，備呈定奪，毋或觀望顧忌，並將栽臥柳、低編柳、深柳、漫柳、高柳等法俱備行遵照施行，俱毋遲違。抄案依准先行呈來。

計開

一曰臥柳

凡春初築堤，每用土一層，即於堤內外兩邊各橫鋪如銅錢拏指大柳條一層。每一小尺許一枝，不許稀疎。土內橫鋪二小尺餘，不許短淺。土面止留二小寸，不許留長。自堤根直栽至頂，不許間少。

二曰低柳

凡舊堤及新堤不係栽柳時月，修築者俱候春初用小引橛於堤內外，自根至頂，俱栽柳如錢如指大者，縱橫各一小尺許，即栽一株，亦入土二小尺許，土面亦止留二小寸。

三曰編柳

凡近河數里緊要去處，不分新舊堤岸，俱用柳樁如雞子大、四小尺長者，用引橛先從堤根密栽一層。六七寸一株，入土三小尺，土面留一尺許，却將小柳臥栽一層，亦內留二尺，外二三寸，却用柳條將柳樁編高五寸，如編籬法，內用土築實平滿。又臥栽小柳一層，又用柳條編高五寸，於內用土築實平滿。如此二次，即與先栽一尺柳樁平矣。却於上退四五寸，仍用引橛密栽柳樁一層，亦栽臥柳、編柳各二次，亦用土築實平滿。如堤高一丈，則依此栽十層即平矣。

以上三法皆專爲固護堤岸，盖將來內則根株固結，外則枝葉綢繆，名爲活龍尾埽。雖風浪衝激，可保無虞，而枝稍之利，亦不可勝用矣。北方雨少草稀，歷閱舊堤有築已數年，而草猶未茂者，切不可輕忽前法，運河、黃河通用。

四曰深柳

前三法止可護堤，防漲溢之水，如倒岸衝堤之水亦難矣。凡離河數里及觀河勢將衝之處，堤岸雖遠，俱宜急栽深柳，將所造長四尺、長八尺、長一丈二尺、長一丈六尺、長二丈五等，鉄裏引橛，自短

而長,以次釘穴,俾深二丈許,然後將勁直帶稍柳枝,如根、稍俱大者
爲上,否則不拘大小,惟取長直,但下如雞子,上儘枝稍,長餘二丈
者,皆可用連皮栽入,即用稀泥灌滿穴道,毋令動搖,上儘枝稍,或數
枝全留,切不可单少,其出土長短不拘,然亦須二三尺以上,每縱橫
五尺即栽一株,仍視河勢緩急,多栽則十餘層,少則四五層,數年之
後下則根株固結,入土愈深,上則枝稍長茂,將來河水衝嚙亦可障
禦。或因之外編巨柳長椿,內實稍草、埽土,不猶愈於臨水下埽,以
繩繫岸,以椿釘土,隨下隨衝,勞費無極者乎? 本院嘗於睢州見有臨
河四方土墩,水不能衝者,詢之父老,舉云:農家舊圃,四圍柳株伐
去,而根猶存。彼不過淺栽一層,況深栽數十層乎? 及觀洪波急流
中週遭已成深淵,而柳樹植立略不爲動,益信前法可行。凡我治水
之官,能視如家事,圖爲子孫不拔之計,即可望成效,將來捲埽之費
可全省矣。但臨河積年射利之徒殊不便此,治水者知其爲父老土著
之民惟言是聽,而不知機緘之有爲也。凡目今捲埽,斧刃堤後遠近
適中之處,尤宜急栽、多栽數層,審思篤行,共圖實效。勉之勉之!
此法黃河用之,運河頻年衝決緊要去處亦可用。

五曰漫柳

凡波水漫流去處,難以築堤,惟沿河兩岸密栽低小檉柳數十層,
俗名隨河柳,不畏湋沒。每遇水漲既退,則泥沙委積即可高尺餘或
數寸許,隨淤隨長,每年數次。數年之後,不暇人力,自成巨堤矣。
如沿河居民各照地界,自築一二尺餘縷水小堤上,栽檉柳尤易,淤積
成高,一二年間,堤內即可種麥。用工甚省而爲效甚大,掌印管河等
官務宜着實舉行,黃河用之。

六曰高柳

照常於堤內外用麓大長柳椿成行栽植,不可稀少。黃河用之,

運河則於堤面栽植，以便撐挽[三]。

　　欽差總理河道都察院右副都御史李　上疏爲議處黃河大計事。切惟天下之事，利與害而已矣。去其害，則利可興也。臣欽奉敕諭："今特命爾前去總理河道，其黃河北岸長堤并各該堤岸應修築者，亦要著實用工修築高厚，以爲先事預防之計。如各該地方遇有水患，即便相度，訪究水源，可以開通分殺并可築塞隄防處所，仍嚴督各該官員斟酌事勢緩急，定限工程久近，分投用工，作急修理。凡修河事宜，敕内該載未盡者，俱聽爾便宜處置；事體重大者，奏請定奪。欽此欽遵。"臣查得黃河發源具載史傳，今不敢煩瀆，姑自寧夏爲始言之。自寧夏流至延綏、山西兩界之間，兩岸皆高山石麓，黃河流於其中，並無衝決之患。及過潼關，壹入河南之境，兩岸無山，地勢平衍，土少沙多，無所拘制，而水縱其性，兼之各處小水皆趨於河，而河道漸廣矣。方其在於洛陽、河内之境，必東之勢，未嘗拂逆，且地無高下之分，水無傾瀉之勢，河道雖大，衝決罕聞。及至入開封地界，而必東之勢少折向南，其性已拂逆之矣。況又接南北直隷、山東地方，地勢既有高下之殊，而小水之入於河者愈多，淤塞衝決之患自此始矣。此黃河之大槩也。今之論黃河者，惟言其瀰漫之勢，又以其遷徙不常，而謂之神水，遂以爲不可治。此蓋以河視河而未嘗以理視河也。夫以河視河，則河大而難治；以理視河，則河易而可爲[四]。瀰漫之勢，蓋因夏秋雨多，而各處之水皆歸於河，水多河小，不能容納，遂至瀰漫。然亦不過旬日；至於春冬，則鮮矣。是則瀰漫者不得已也。水之變也，豈其常性載？至於所謂神水者，尤爲無據。其故何也？蓋以黃河之水泥沙相半，流之急則泥沙並行，流之緩則泥沙停積[五]，而停積則淤之漸矣。今日淤之，明日淤之，今歲淤之，明歲

淤之,淤之既久,則河高而不能行。然水性就下,必於其地勢之下者
而趨焉。趨之既久,則岸面雖若堅固,水行地下,岸之根基已浸灌疎
散而不可支矣。及遇大雨時至,連旬不晴,河水泛漲,瀰漫浩蕩。以
不可支之岸基而遇此莫能禦之水勢,頃刻奔潰,壹瀉千里,遂成河
道。近日蘭陽縣父老謂黃河未徙之先數年,城中井水已是黃水,足
爲證驗。故人徒見其壹時之遷徙,而不見其累歲之浸灌,乃以爲神,
無足怪也。爲照河南、山東及南北直隸臨河州縣所管地方,多不過
百里,少則四五十里,若使各該州縣各造船隻,各置鐵扒并尖鐵鋤,
每遇淤淺即用人夫在船扒濬;若是土硬則用尖鋤,使泥沙與水並行,
既無淤塞之患,自少衝決之虞,用力甚少,成功甚多。且黃河水既湍
急,而泥沙則又易起,更有船隻,則人夫不惟免涉水之苦,而風雨可
蔽,宿食有所,是修河之智而寓愛民之仁。推而言之,其利甚博。若
夫瀰漫之勢殆不能免,所可自盡者則在築堤防患,不與水爭地耳。
或護城池,或護耕種,使得遂其安養。伏望皇上軫念地方水患,將臣
所奏,特敕該部再行查議,聽臣督同河南、山東并南北直隸,管河按
察司副使張綸等備查所管黃河州縣河道地里遠近,動支河道銀兩,
酌量數目,打造上中下三等船隻,置造大小鐵扒、鐵鋤,分發各該管
河官收領。遇有時常小淤,或先年舊淤,或因瀰漫勢後河道新淤,即
便督率人夫,撐駕船隻,量水之深淺,用船之大小,量船之大小,載人
之多寡,用心扒濬,堅硬去處,則用鐵鋤,俾泥沙隨水而去,河道爲之
通流。風雨蔽於斯,宿食在於斯。至於捲埽去處,即係水流傾瀉之
地,傾於此者必淤於彼,壹體扒濬,使水歸於中流,則傾瀉之患將漸
弭矣。再照黃河先年由河南蘭陽縣趙皮寨地方流經考城、東明、長
垣、曹、蕭等縣流入徐州;近年自趙皮寨南徙,由蘭陽、儀封、歸德、寧
陵、睢州、夏邑、永城等州縣流經鳳陽地方入淮。其歸德、蘭陽等州

縣即今水患頗大，亦聽臣督行管河道，責令各該軍衛有司掌印管河官員調用人夫，或將河道銀兩雇募，各修築高厚堅固堤岸，并扒濬河道，務使淤塞開除，自無衝決之患，防護完固，可免渰没之虞。其舊黄河即今尚有微水，流至徐州、吕梁二洪，亦合時加扒濬，使不致斷流，接濟運河，且分殺黄河水勢。如此則河患可息，而運道亦有益矣！緣係議處黄河大計事理，謹題請旨。嘉靖拾伍年肆月貳拾伍日

校勘記：

〔一〕補校："彌記"，原作"彌記"，係形近而譌，今據上下文義改正。

〔二〕補校："狹"，原作"挾"，以形近而譌，今據上下文義改正。

〔三〕補校："捧挽"，底本"捧"字可辨，"挽"字左偏旁可辨，右邊已不可識，兹據《行水金鑒》卷二十四改。

〔四〕補校："可爲"，原作"河爲"，於義未協，當有譌誤，兹據明章潢《圖書編》卷五十三《治黄河議》"蓋以河視河，而未嘗以理視河也。夫以河視河，則河大而難治；以理視河，則河易而可爲"改。

〔五〕補校：此處底本與下文"欽遵"云云不協，必有中斷，拼接痕跡自難掩蓋。前文無尾，後文無首，實爲影印時底本版葉拼接錯簡所致。經檢索找到此文爲明章潢選編入《圖書編》卷五十三《治黄河議》之中，因據以調整此數葉錯簡。

治河通考後序

　　惟《禹貢·職方》之言，導濬經辨之跡，鴻闊巨偉矣！固聖人拯世範後，參天絜地，神理昭寓，後世凡職紀載者依焉。然溝洫地理、郡國水利，漢以來册籍或有志有考，顧於大河無專紀，豈非括細遺大，使後之嗣禹蹟者何稽乎？余嘗北涉趙魏之間九河故蹟，西踰成皋鴻溝，觀龍門鑿處，南循淮瀆出呂梁，則喟然歎河之為國家利害大矣！夫安流順軌，則漕輓駛裕；奔潰壅溢，則數省繹騷。國家上都燕薊，全籍東南之賦，故常資河以濟運，又防其衝阻，乃經理督治，必撫臣是寄，其視前代豈不益重哉！河雖經數省，然自龍門下趨，則梁地當其衝始。又壞善潰，故河之患於河南為甚。余受命來撫兹土，固慄慄以河為至慮，防治稍悉，民頗奠乂。間閱近時所刻《治河總考》，疎遺混複，字半訛舛，其肇作之意固善，惜其未備晰也，乃命開封顧守符下謫許州判官劉隅，重加輯校，彙分序次，一卷曰《河源考》，二卷曰《河決考》，三卷之九卷曰《議河治河考》，末卷曰《理河職官考》。上泝夏周，下迄今日，總十卷，更題之曰《治河通考》。庶幾覽者易於探檢，有所式則，以奏平成之勣。聖主之憂顧四方之屯溺，或從是以紓，而愚之重責亦少塞焉。其仍有未備，則以竢後之淵博大智者爾。

　　賜進士出身嘉議大夫都察院右副都御史奉敕巡撫河南等處地方松陵吳山書

附録一　藏書目録著録

《四庫全書總目提要·治河通考》十卷(浙江汪啓淑家藏本)

明吴山撰。山,高安人[一]。嘉靖乙未進士,官至禮部尚書,謚
文端。是書大旨謂河雖經數省,而自龍門下趨,則梁地當其衝,故河
患爲甚。前有自序云:"近日所刻《治河總考》,疏漏混複,乃重加校
輯,彙分序次,一卷曰《河源考》,二卷曰《河決考》,三卷至九卷曰《議
河治河考》,末卷曰《理河職官考》。上沂夏周,下迄明代,總爲十
卷。"前有崇禎戊寅其曾孫士顔序略,蓋重刊時所作也。

治河總考四卷(浙江范懋柱家天一閣藏本)

明車璽撰。璽,宛平人。成化戊戌進士,官至河南按察司僉事。
是編考歷代治河之事,以時代先後爲次,始周定王,終明嘉靖十七
年。又以《禹貢》《史記·河渠書》《漢書·溝洫志》《元史·河源》附
録,宋濂《治河議》,《河南總志》諸條列後。其標題又稱山東兖州府
同知陳銘續編,前後無序跋。不知孰爲璽之原書,孰爲銘之所補,體
例參差,刊刻拙陋,蓋當時書帕本也。

明　焦竑《國史經籍志》卷三史類(明徐象橒刻本)

《治河通考》三卷,劉隅。

明　朱睦㮮《萬卷堂書目》卷二（清光緒至民國間觀古堂書目叢刊本）

《治河通考》三卷，劉隅。

校勘記：

〔一〕吳山高安人，《四庫提要》將直隸吳江人吳山與江西高安人吳山誤混。見下文過庭訓《本朝分省人物考》、焦竑《國朝徵獻録》所引明屠應埈《尚書吳公山傳》。此兩人名雖同，而字、號不同，里貫不同，進士及第時間亦不同。若非粗心，當不難發現。

附録二　吳山傳記

明過庭訓撰《本朝分省人物考》卷二十二（天啓刻本）：

吳山

吳山字静之，號訒庵，吳江人，少保洪之子也。生而英異，五歲喪其母，即戚戚知哀，不逐童群戲。十二歲能屬文，時少保公筮官南都，從居。南郎中萬某者善相人，見山，甚奇之，曰："南都諸公卿兒，無若此者。是父子並卿，兄弟嗣顯。"山聞之，笑曰："如郎中言，萬石君顧復見哉？"弘治乙卯舉鄉試。正德戊辰，與弟巖同登進士，除刑部主事，歷陞員外郎、郎中。廉隅抗直，不撓彊禦。有富人坐當死，夜持金潛遺，斥還與之，且白其事，置之法。於是豪猾悚懼，靡敢犯者。然亦以不能逐世頫仰，奉權貴人，故九載秩不遷。正德丙子，奉命錄囚江右。先有兄弟共殺人者，咸論死，意慘焉，憐之，欲出其一。夜禱於神，乃忽悟曰："殺人者死，協謀者坐。"遂俱決之。其他疑獄平反者幾二百餘人，民稱無冤。武廟南巡，諫者多忤旨抵罪，詔山，廷跪五日。庚辰，擢山東副使，理驛傳，清軍務，釐革宿弊殆盡。大户有侵尅官糧者，罪及餘民，竟直之。時暑月，諸司多所逮繫，山輕重量出之，獄無滯囚，廼有塞井復渫，民感其惠，爲之謠曰："彼泥者泉，弗浚而復，錫我則福。"居無何，擢陝西右參政。嘉靖甲辰，改浙江道。歸省纔逾月，而丁父艱。丁亥，服闋，授福建按察使，聽斷公明,吏民懷畏,謂少保嘗居是官也。民之謡曰:"鳳之棲兮,其雛來儀,民具是依。"己丑,擢江西左布政使,旬宣有方,綜理周密,禁豪登羨,情節不逾。辛卯,有巡撫河南之命,時水旱薦劇,調陳賙恤,民賴更生。山以河南惟河患爲甚,遂根極利害,著《治河通考》十卷,行於世。成化間,親王居河南者緫五府,錫封既益,天胤日繁,自郡王將軍而下幾數千人,歳入不足以需常禄,乃疏請以歳運之餘暫補不及,一時賴焉。伊王素柔懦,縱宦豎保金等虐及無辜,疏請正保金等罪,而王俾之自新。臨漳王府將軍祐椋者,招納亡命,侵掠民間,民咸苦之。即祐椋至,無不懾懾恐罷市肆,閉户竄逸。前後諸撫臣至者莫敢問也。山聞其狀,疏免爲庶人。廼遁匿京師,巧訛求貸,又奏誣山等,主上方事敦睦,而元宰永嘉與山素郤,遂左遷浙江參議。時同黜者都御史毛公伯温、御史王君儀也。於是直聲顧益起,山亦厚自砥礪,不以謫故窘其才。乙未,擢江西參政,務戢豪右,便窮困,其爲政如其爲左使時也。尋擢南府丞。丁酉,以僉都御史巡撫四川,遂論罷諸武臣不職者,緝其豪猾,舉都督何卿、參將李爵等,使守松潘、叙、瀘,後並稱名將。人以爲知人。又疏改廣元縣以爲州治,恤疾苦,舉廢墜,省繇役,務農桑,惠流全蜀,聲播萬里。明年晋右副都御史,提督南贛軍務,念虔州者西番之衝,賊之叢藪也,嘯聚剽掠,俘虐爲甚。山廼申號令,修器械,嚴警邏,節候望,不半歳殲其渠魁,威德遍溢,人以爲善繼陽明王公之後。先是,山自蜀抵贛,中道擢刑部右侍郎,既得命,人謂宜亟趨朝便。山謂曰:"前巡撫王公浚守,予代者將期矣。予弗往,復守代予者,是予處其逸而王公恒勞也。"乃竟抵贛,人稱爲長者。既又晋左侍郎。越二年,遂拜尚書,明罰恤刑,庶獄詳允,威稜截然,無所顧避。時翊國公郭勛撟虔,虔怙勢,竊攘威福,志在莫測。諫官舉其罪上之,下廷臣議。議者故多睽言,輕重靡決。山自奮曰:"夫人臣有直節,無遂垢,以勛之惡,及今誅之尚晚也。而但爲咋舌叉手,共爲雷同,豈得稱爲法吏哉?"乃陳其不軌,論棄市。坐黨附者咸有等,具獄上聞,久不報。會秋當報囚,勛竟死獄中。上怒山讞後期,詔免官去,朝士咸竊竊焉惜之。山嘆曰:"臣家起布衣,非有尺寸之效,而父子累世被恩,生死之年,永懼不報。迺今顧以失職賜骸還故里,非老耄之幸哉?"又顧其子寀曰:"爾知先朝尚書劉大夏乎? 被罪戍邊,迺即日荷戈就道,顧不健歟?"於是市車陸走,不役公騎,角巾私服,猶恐人之覘知也。行未至彭城,忽覺體中憊甚,語其子曰:"丈夫蓋棺事迺定,吾迺今死無恨矣。"遂逝,壽七十有三。

明　焦竑《國朝獻徵録》卷四十五刑部二(明萬曆四十四年徐象橒曼山館刻本)

尚書吳公山傳　　屠應埈

吳氏者,吳江世家也。自始祖十一公十世有隱德,而發于少保公洪。少保公歷官南刑部尚書,正德間以忤逆奄瑾勒致仕。子四人,公最長,諱山,字靜之,號訒庵。公生而英異,五歲喪其母夫人王氏,即戚戚知哀,不逐兒童群戲。十二歲能屬文,時少保公筮官南都,公從居南都。郎中萬某者善相人,見公甚奇之,曰:"即南都諸公卿兒,無若此者,是父子並官上卿,兄弟嗣顯。"公聞之,笑曰:"如郎中言,萬石君顧復見哉?"年十六補邑弟子員。弘治乙卯,舉應天鄉薦。戊辰,與弟巖同登進士,除刑部主事,歷陞員外、郎中,廉隅抗直,不撓彊禦。有富人坐當死,夜持金潛遺公,公斥還與之,且白其事,置之法。於是豪猾悚慄,靡敢犯者。然亦以不能逐事頻仰奉權貴人[一],故九載秩不遷。正德丙子,奉命録囚江右,先有兄弟共殺人者,咸論死,公意慘焉憐之,欲出其一。夜禱于神,乃忽悟曰:"殺人者死,脅謀者坐。"遂俱決之。其他疑獄平反者幾百餘人,民稱無冤矣。武廟南巡,諫者多忤旨抵罪,公亦諫,詔廷跪五日。庚辰,擢山東副使,理驛傳,清軍務,釐革宿弊,區畫中理。大戶有侵盜官糧者,罪及餘民,公竟直之。時暑月,諸司多所逮繫,公輕重量出之,獄無滯囚。迺有塞井復渫,民感其惠,爲之謠。謠曰:"彼泥者泉,弗浚而復,錫我則福。"居無何,擢陝西右參政。嘉靖甲辰,改浙江,道歸省,纔逾月,而少保公病卒,得視含斂無遺悔。丁亥服闋,授福建按察使,聽斷公明,吏民懷畏,謂少保公嘗居是官也,民之語曰:"鳳之棲兮,其雛來儀,民具是依。"己丑,擢江西左布政使,旬宣有方,綜理周密,禁豪登羨,清節不渝。辛卯,有巡撫河南之命。時水旱薦劇,公調陳賙賑,民賴更生。初,河南運額兌在小灘,久之,民弗便,武廟時移之臨清,民又弗便,乃移兌回隆,民稍稍便矣。而運官受臨清重賂,呈御史奏勘,公指揮便宜,御史終聽置之。公以河南惟河患爲甚,遂根極利害,著《治河通考》十卷,行於世。成化間[二],親王居河南者纔五府,錫封既益,天胤日繁,自郡王、將軍而下幾數千人,歲入不足以需常祿。公疏請以歲運之餘暫補不給,一時賴焉。伊王素柔懦,忕宦豎保金等,虐及無辜。公疏請正保金等罪,而王俾之自新。臨漳王府將軍祐椋者招納亡命,奸法軌時,侵掠民間,民咸苦之。即祐椋至,無不懾慴恐,罷市肆,閉戶竄逸,前後諸撫臣至者莫敢問也。公聞其狀,疏免爲庶人。迺遁匿京師,巧詆求貸,又奏誣公等。主上方事敦睦,而元宰永嘉公與公素有郤,遂左遷浙江參議。時同黜者都御史毛公伯溫、御史王君儀也。于是直聲顧益起,公亦厚自砥礪,不以謫故窘其才。乙未,擢江西參政,務戢豪右,便窮困,其爲政如其爲左使時也。尋擢南府丞。丁酉,以僉都御史巡撫四川,遂論罷諸武臣不職者,緝其豪猾,舉都督何卿、參將李爵等,使守松潘、叙、瀘,今並稱名將,人以公爲知人。又疏改廣元縣以爲州治,問疾苦,舉廢墜,省繇役,務農桑,惠流全蜀,聲播萬里。明年晉右副都御史,提督南贛軍務,念虔州者四蕃之衝,山之面背,賊之叢藪也,哨聚剽掠,俘虐爲甚。公廼申號令,修器械,嚴警邏,節候望,不半歲殲其渠魁,威德遍溢,人以爲善繼陽明王公之后云。

先是,公自蜀抵贛,中道擢刑部右侍郎。既得命,人謂公宜亟趨朝便,公謂曰:"前巡撫王公浚守予代者將暮矣,予弗往,復守代予者,是予處其逸,而王公恒勞也。"乃竟抵贛,人稱公爲長者。既又晉左侍郎,居侍郎越二年,辛丑,遂拜尚書,明罰屻刑,庶獄詳允,威稜截然,無所顧避。時翊國公郭勛撟虔怙勢,竊攘威福,志在莫測。諫官舉其罪上之[三]。始,天子震怒,下廷臣議,後稍解,議者故多睞言,輕重靡決。公自奮曰:"夫人臣有直節,無遂垢,以勛之權,及今誅之,殊尚善也。而但爲咋舌,又手雷同,豈稱法吏意哉?"乃陳其不軌,論棄市,坐黨附者咸有等。具獄上聞,久不報,會秋當報囚,勛竟死獄中。上怒公輒讞後期,詔免官去,朝士咸竊竊焉惜之。公嘆曰:"臣家起布衣,非有尺寸之效,而父子累世被恩,生死之年,永懼不報。廼今顧以失職賜骸還故里,非老耄之幸哉?"又顧其子寀曰:"爾知先朝尚書劉大夏乎?被罪戍邊,廼即日荷戈就道,顧不健歟?"于是市車陸走,不役公騎,角巾私服,猶恐人之覘知之也。行未至彭城七十里,公體憊,欲假息民間,無可居者,乃休舍利國監驛,忽語子寀曰:"予病矣,夫其殆也。丈夫蓋棺事廼定,吾廼今死無恨矣。"遂逝。時壬寅冬十一月七日也,公蓋壽七十有三年矣。

先是,公之就宦也,必以棺自隨,曰:"倉卒中寧有備者?"乃今終于僻野,而子宷竟治所携棺,奉襄事,人固謂之讖云。

公俶儻魁梧,聲洪若鐘。爲人峭直,不與物狥接,其談笑充充然如重獲也。然鄉人以窘乏故求者,必劇爲周旋,至有以私謁事者,則嚴拒弗納已。性又孝友,大參巖先卒,公撫其孤,亡異己子。少保之蔭宜及長孫,義讓之弟嶠。督誨少弟崑,登嘉靖戊戌進士。少保初宦京師,命公析諸弟,則自取敝廬朽物,斯非其敦愛由衷靡假者哉?家居更廉飭,其宅西有隙地,人或勸之取以營室,公曰:"此官亭址也,不可。"仍甃井其上,以便汲者。邑令張君明道,今之水強吏也,聞其事善之,即構亭其上,名懷德井,仍作記表焉。吳中歲嘗饑,蠲逋負者萬石,折其券,至今言者猶嗚嗚感公德也。

屠應峻曰:國家準周建治,庶政掌于六官。尚書總喉舌之司,酌台衡之運,非宏德碩望,推賢朝宁及上意所殊眷者,莫之得任也。況父子世登斯位也哉?明興百八十年來,父子官尚書者凡十有四家,海內侈談以爲章逢之異遇。然就今而觀,其奮庸熙恊,垂休揚烈,銘勒金石者,非無其人,至於拱默于睢,無所可否,外席隆寵,而中慚尸素者,蓋亦有焉。望崇者易隳,任重者多仆。豈不難哉?公父子世典邦刑,循三尺法平衡天下。少保丞弼三朝,以直節去位,著稱當世。公早歲登庸,敭歷中外,蹶而復起,遂膺簡錫之命。謇謇侃侃,條振彝章,使巨奸伏氣,懾息庚死,不敢他望。雖被罪褫職,身斃名立,終始靡疚。辟之瑤□之性,寧毀不渝。麟鳳在廷,馴而不狎庶幾哉?匪躬之節,鼎畫之臣矣,可不謂世濟其美者哉?予故詳其行,告諸來兹,俾言世家者有考云耳。

清《江南通志》卷一百四十

吳山字靜之,吳江人,尚書洪子。正德戊辰進士,官刑部郎中,

抗直不撓權勢，力諫武廟南巡，忤旨，廷跪五日。屢遷河南巡撫，劾
伊王府宦豎及臨漳王府將軍之爲民害者，左遷浙江參議。後歷撫四
川、南贛，並著聲績，終刑部尚書。弟巖，同榜進士，授給事中。乾清
宮災，疏陳數十事，語皆切直，仕至四川參政。子邦貞，嘉靖癸丑進
士，官湖廣按察，有撫討土司功，終太僕卿。曾孫易，字日生，明季癸
未進士，以名節著。

《御選歷代詩餘》卷一百十

吳山字静之，吳江人，大司寇洪之子。正德戊辰進士，授刑部主
事，歷任南贛、河南、四川巡撫，入爲刑部尚書，諡忠襄。

明雷禮《國朝列卿記》卷五十六（萬曆徐鑒刻本）

吳山，直隸吳江人。正德戊辰進士，嘉靖二十年任，二十一年
爲民。

明雷禮《國朝列卿記》卷一百四（萬曆徐鑒刻本）

吳山字　　直隸蘇州府吳江縣人，正德戊辰進士，嘉靖十年任
巡撫河南右副都御史，十三年降浙江右參議。十五年陞順天府尹，
十六年陞巡撫四川左僉都御史，十七年以右副都御史任，十八年遷
刑部右侍郎，歷尚書，詳刑部。

校勘記：

〔一〕"頵"，原作"頹"，於義不協，據明屠漸山《蘭暉堂集》卷十二《尚書吳公
　　　傳》改。

〔二〕"間"，原作"問"，於義不協，據明屠漸山《蘭暉堂集》卷十二《尚書吳公

傳》改。

〔三〕“官”，原作“宫”，於義不協，據明屠漸山《蘭暉堂集》卷十二《尚書吴公
　　傳》改。

附録三　劉隅傳記

明　過庭訓《本朝分省人物考》卷九十五（明天啓刻本）

劉隅

劉隅字叔正，約之中子也。舉嘉靖癸未進士，授福建道監察御史。時詔以邊憲爲御史大夫，隅以憲不任綱紀，上書劾罷。已而吏部尚書喬宇免，隅以宇海内人望，上書奏留。出按江北，糾繩貪殘，擊斷無諱，陞四川按察司僉事。謫官，稍遷至永平知府，晋河南管河副使。世廟南幸承天，所過守臣以供張不辦，或至譴死。隅除道，河上爲龍舟以濟，規制宏敞，鉦鼓有節，舟無人聲。世廟大喜，陞河南按察使。比至承天語，拜右僉都御史，巡撫保定。聖駕北還，已於保定奉迎矣。明年，進右副都御史。西輔多事，下令所部繕完城邑，百家之聚，皆有雉堞。劇盜王士舉以三十餘人流劫七省，隅恊各省兵吏剿之，以功受賞。隅用兵不惜小費，厚賞死士，揮金若棄，即有失律，必置重典，以是人樂用命。未幾罷歸，家居幾三十年，七十七歲。隅器度汪洋，韻宇冲遠，居常不爲小察，及遇大事，確有定守，萬夫莫能折。死生利害所臨，坦然當之，神色不動。風流韞籍，海内所推，誠一代名人也。博極群書，文詞沉雅，號爲名家。所著有《文集》《奏議》《治河通考》《古篆分韻》諸書。

明　雷禮《國朝列卿紀》卷一百十八（明萬曆徐鑑刻本）

劉隅,山東東阿人。嘉靖癸未進士,十八年,以右僉都御史任,二十一年被劾回籍。

明　雷禮《國朝列卿紀》卷一百十八（明萬曆徐鑑刻本）

劉隅字叔正,山東兗州府東阿縣人。嘉靖癸未進士,擢　　道監察御史,陞四川僉事,謫許州判官,歷永平府同知,南京中府經歷,刑部郎中,永平知府,河南副使,按察使。十八年陞都察院右僉都御史,提督紫荆等關兼撫保定等府。二十一年被劾回籍。

明　王兆雲《皇明詞林人物考》卷七（明萬曆刻本）
劉叔正

劉隅字叔正,範東其號也,兗之東阿人。嘉靖癸未進士,官至副都御史。其爲文無勦説,無習見,清逸俊拔。詩意氣安閒,辭旨沉快,要之盖有杜陵遺意。

明　曹金《（萬曆）開封府志》卷七（明萬曆十三年刻本）
判官

嘉靖中劉隅,東阿人。

明　查志隆《岱史》卷十七《登覽志》（明萬曆刻本）
劉隅,都御史,東阿人。

圖書在版編目(CIP)數據

治河通考 /(明)吳山,(明)劉隅著；胡正武,姜浩校點. —杭州:浙江大學出版社,2021.1
ISBN 978-7-308-21018-8

Ⅰ.①治⋯ Ⅱ.①吳⋯②劉⋯③胡⋯④姜⋯ Ⅲ.①治河工程－中國－明代 Ⅳ.①TV882－09

中國版本圖書館 CIP 數據核字(2021)第 002024 號

治河通考

[明]吳　山　劉　隅　著　胡正武　姜　浩　校點

責任編輯	王　晴
責任校對	張丙金
封面設計	沈玉蓮
出版發行	浙江大學出版社
	(杭州市天目山路 148 號　郵政編碼 310007)
	(網址:http://www.zjupress.com)
排　　版	浙江時代出版服務有限公司
印　　刷	浙江印刷集團有限公司
開　　本	710mm×1000mm　1/16
印　　張	10.25
字　　數	180 千
版 印 次	2021 年 1 月第 1 版　2021 年 1 月第 1 次印刷
書　　號	ISBN 978-7-308-21018-8
定　　價	48.00 元